战斗机

瀚鼎文化工作室◎编著

航空工业出版社

北京

内 容 提 要

随着技术的进步和完善,各类战斗机的发明创造层出不穷,战斗机之间的长期较量促使其性能得到进一步提高。本书以图文并茂的形式让读者了解到战斗机的基础知识,希望能满足军事爱好者的阅读需要。本书适合军事爱好者阅读和收藏。

图书在版编目(CIP)数据

百科图解战斗机 / 瀚鼎文化工作室编著. —— 北京:航空工业出版社,2018.1(2021.7重印)
ISBN 978-7-5165-1361-3

Ⅰ.①百… Ⅱ.①瀚… Ⅲ.①歼击机-世界-图解 Ⅳ.①E926.31-64

中国版本图书馆 CIP 数据核字 (2017) 第 280637 号

百科图解战斗机
Baike Tujie Zhandouji

航空工业出版社出版发行
(北京市朝阳区京顺路5号曙光大厦C座四层 100028)
发行部电话:010-85672663 010-85672683

三河市双升印务有限公司印刷	全国各地新华书店经销
2018 年 1 月第 1 版	2021 年 7 月第 2 次印刷
开本:710×1000 1/16	字数:190 千字
印张:11	定价:32.80 元

前　言

战斗机的出现已经有一个多世纪，随着技术的不断进步和完善，各类战斗机的发明创造层出不穷，战斗机之间的长期较量促使其性能得到进一步提高。战斗机因其作战风格极其彪悍，常常被冠以"冷酷""残忍"等名号，但凭着"高、快、强"的特点，优秀的战斗机还是获得了世人的青睐。近年来，战斗机空中格斗的身影广泛出现在网络上、影视剧中，战斗机模型不断出现在各种航空展中、玩具店里，战斗机越来越深入大众生活，人们对它的求知欲望也在增强。

那么战斗机究竟是怎样的一种飞机？它经历了怎样的发展历程？具备怎样的特殊功能？本书通过调查研究，去粗存精，以图文并茂的形式让读者了解到战斗机的基础知识，尽量为读者展示出战斗机的真实原貌。希望本书能对爱好战斗机的广大读者有所帮助。

CONTENTS

第一章　战斗机概述

01. 什么是战斗机……………………………… 2
02. 战斗机与攻击机…………………………… 4
03. 战斗机如何命名…………………………… 6
04. "F"的来源………………………………… 8
05. 战斗机的外观……………………………… 10
06. 战斗机的构造与材料……………………… 12
07. 战斗机的涂装及其作用…………………… 14
08. 国籍徽帜…………………………………… 16
09. 战斗机的燃料……………………………… 18
10. 战斗机座舱的座位数……………………… 20
11. 战斗机座舱内飞行员的活动……………… 22
12. 飞行员的装备……………………………… 24
13. 王牌飞行员………………………………… 26
14. 战斗机能飞多远…………………………… 28
15. 战斗机时速的发展………………………… 30
16. 战斗机多大合适…………………………… 32
17. 产量最多的战斗机………………………… 34
18. 活塞式战斗机的发展历程………………… 36
　　专题：流传不变的昵称………………… 38

第二章　战斗机的种类与运用

19. 战斗机的类别……………………………… 40
20. 舰载飞机与陆基飞机……………………… 42
21. 舰载飞机的起降…………………………… 44
22. 航空母舰…………………………………… 46
23. 木制战斗机………………………………… 48
24. 夜间战斗机………………………………… 50
25. 双体战斗机………………………………… 52
26. 火箭动力战斗机…………………………… 54
27. 寄生战斗机………………………………… 56
28. 水上喷气式战斗机………………………… 58
29. 推进式螺旋桨战斗机……………………… 60
30. 垂直起降战斗机…………………………… 62
31. 水上战斗机………………………………… 64
32. 衍生型战斗机……………………………… 66
33. 隐身战斗机………………………………… 68
34. 超声速飞行………………………………… 70
35. 超声速巡航………………………………… 72
36. 声爆………………………………………… 74
37. 空对空作战………………………………… 76
38. 空中缠斗…………………………………… 78
39. 空空导弹…………………………………… 80
40. 空中加油…………………………………… 82

I

CONTENTS

41. 锁定 …………………………………………… 84
42. 战斗机的最大武器载荷量 ……………………… 86
43. 电子对抗 ………………………………………… 88
44. 对地攻击武器 …………………………………… 90
45. 防空武器 ………………………………………… 92
46. 诱饵弹 …………………………………………… 94
47. 轰炸机搭载的核导弹 …………………………… 96
48. 航空火箭弹 ……………………………………… 98
49. 红外线探测装置 ………………………………… 100
50. 风冷发动机向水冷发动机的升级 ……………… 102
51. 各国的假想敌部队 ……………………………… 104
　　专题：真正不见踪影的隐身飞机 ……………… 106

第三章　战斗机的组成与构造

52. 如何驾驶战斗机 ………………………………… 108
53. 方向舵和升降舵 ………………………………… 110
54. 蜂腰状的机身 …………………………………… 112
55. 各种形状的机翼 ………………………………… 114
56. 副翼和扰流板 …………………………………… 116
57. 机翼上的襟翼 …………………………………… 118
58. 翼前缝条和前缘缝翼 …………………………… 120
59. 前掠翼与斜向翼 ………………………………… 122
60. 翼身融合 ………………………………………… 124
61. 飞机尾翼 ………………………………………… 126
62. 三角翼机 ………………………………………… 128
63. 无尾翼机和全翼机 ……………………………… 130
64. 座舱盖 …………………………………………… 132
65. 座舱 ……………………………………………… 134
66. 吊舱 ……………………………………………… 136
67. 仪表板 …………………………………………… 138
68. 射击瞄准具与平视显示器 ……………………… 140
69. 通用挂架/发射架/炸弹挂架 …………………… 142
70. 驾驶操纵杆和发动机油门 ……………………… 144
71. 活塞式发动机的类型 …………………………… 146
72. 喷气式发动机 …………………………………… 148
73. 后燃室 …………………………………………… 150
74. 燃料箱 …………………………………………… 152
75. 推力重量比——现代航空发动机优劣的衡量标准 … 154
76. 机枪与航炮的区别 ……………………………… 156
77. 子弹如何无碍地穿过螺旋桨旋转叶片 ………… 158
78. 机枪和航炮的安装位置 ………………………… 160
79. 如何使战斗机安全地降落 ……………………… 162
80. 减速板 …………………………………………… 164
81. 发动机进气口 …………………………………… 166
82. 飞行员的紧急逃生 ……………………………… 168

第一章
战斗机概述

01 什么是战斗机

什么是战斗机，它经历了怎样的发展历程，在现代战争中的运用状况如何？

从最初莱特兄弟发明飞机并进行第一次动力飞行至今，经过一个多世纪的发展，飞机已经拥有了一个庞大的家族。目前飞机根据用途及属性可以分为军用飞机和民用飞机两大种类。军用飞机主要包括战斗机、攻击机、轰炸机、军用运输机、侦察机、反潜机、空中加油机、预警机等与军队军事活动相关的飞机，以从属关系的角度来看，战斗机属于军用飞机的一种。民用飞机则主要包括客机、空中游览飞机、灭火飞机、公务机、农用飞机、航测机等与日常生产生活相关的飞机。就两者而言，军用飞机的应用较之民用飞机更为广泛。

最早的军用飞机为侦察机，专门用来执行从空中观察敌方军力部署的任务，之后出现了能在侦察时向敌方阵地投掷炸弹的轰炸机，紧接其后，保护己方领空、拦截敌方侦察机、轰炸机的专用机型——战斗机应运而生。为了迅速击落敌机，战斗机在机身上安装了机枪、航炮或导弹等攻击性武器，使之具备短距离与敌方航空器进行空战的能力。现代战斗机还具备一定的对地攻击能力，被赋予了更多的战斗任务。

战斗机是在实战演练及科技不断发展进步的历史背景下逐步发展壮大的，当今社会是科技与军事及经济的较量，战斗机的强大威慑力可以更好地显示出一个国家的军事国防实力，这对于未来军事发展，守护疆土，维护国家稳定具有重要意义。

固定翼飞机（通常所说的飞机）是人类在20世纪所取得的最重大的科学技术成就之一，有人将它与电视和电脑并列为20世纪对人类影响最大的三大发明。1903年12月17日美国的莱特兄弟试飞成功被认为是飞机问世的标志。

● 飞机按用途分类

军用飞机

战斗机、反潜机、攻击机、空中加油机、轰炸机、预警机、军用运输机、侦察机等

民用飞机

空中游览机、航测机、农用飞机、灭火飞机、邮政飞机、公务机、客机等

● 军用飞机的用途

战斗机 → 在空中观察敌军的军力部署

侦察机 → 在侦察之余，往敌方阵地投掷炸弹

轰炸机 → 为击落敌方侦察机与轰炸机，在机身上安装机枪、航炮或导弹

战斗机空战

02 战斗机与攻击机

> 战斗机和攻击机在外形和性能上往往十分相似，很多时候会被派遣执行作战任务，那么这两者之间有什么区别呢？

战斗机是一种用于与敌方航空器进行空对空作战的飞机，而攻击机的作战任务则是从空中对敌方地面目标、海上目标进行攻击，战斗机与攻击机既有联系又有区别。

第一次世界大战（简称一战）至第二次世界大战（简称二战）期间的太平洋及欧洲地区，交战国双方兴起了"空中对决"的作战模式，许多"王牌飞行员"也因此而诞生。之后的朝鲜战争和越南战争中，空战几乎均在苏联制造的米格–15、米格–17、米格–21战斗机与F–86"佩刀"（Sabre）或F–4"鬼怪"II（Phantom II）战斗机之间发生。到了海湾战争爆发时，战斗机的运用已经有了很大变化。随着苏联解体，冷战时代的终结，苏式（俄式）战斗机与美式战斗机对峙的状态基本结束，此时无论是在阿富汗还是伊拉克，几乎没有可以同美制战斗机匹敌的苏式（俄式）战斗机，空中的对抗已几乎不存在。

攻击机装备了航空炸弹、火箭弹、空地导弹等对地攻击武器，用于杀伤地面装甲目标、基地、导弹阵地等有价值的重要军事目标，与战斗机相比，它更多地是注重对地攻击能力，有一定的使用局限性。美国海军没有舰载轰炸机这个分类，直接用舰载攻击机执行对应的攻击任务，如二战中的F4U、朝鲜战争中的F91或F2H、越南战争中的F–4或F–105等。其实，这些战机在本质上属于战斗机，只不过具备一定的轰炸和对地攻击能力而已。当前欧美主流战斗机的发展方向是在原战斗机的基础上进行改造，加强对地攻击能力，开发成为新型多用途战斗机。如原作战任务以舰队防空为主的F–14战斗机，后期改型就具备了多用途战斗机的典型特征，可以挂载一定的航空炸弹、精确制导炸弹等，具备很好的对地攻击能力，作战用途更为广泛。著名的F–15E就是F–15"鹰"（Eagle）系列中的战斗轰炸型，F/A–18则是完全兼具了战斗和攻击任务的机型。

如今，各国在飞机研发阶段更倾向于将攻击机和战斗机的功能整合在一起，特别是对于那些拥有航空母舰使用舰载飞机的国家，纯粹的攻击机研发项目将会越来越少。美国海军在A–6、A–7攻击机退役之后，已不再进行专用攻击机的发展计划。

● 任务上的差别

战斗机
- 空对空作战
- 负责基地航空或编队护卫工作
- 使用机枪、航炮或空空导弹

攻击机
- 负责对地攻击
- 攻击地面装甲目标、指挥所、雷达导弹阵地等有价值的目标
- 使用航空炸弹或空地导弹、火箭

● 美军军用飞机的历史变化

二战期间

航母舰队的舰载飞机为主,战斗机兼备攻击和轰炸任务

越南战争

航母舰队的舰载飞机与海军陆战队、空军的战斗机共同执行对地攻击或轰炸任务

海湾战争

海军:航空母舰舰载战斗机改成 F/A-18 这种兼具战斗机与攻击机功能的机种
空军:研发出 F-15E 这种由高空高速截击机 F-15 衍生出的战斗轰炸机

03 战斗机如何命名

> 由于产生的时代、国家等不同,战斗机的叫法也有所不同,要了解战斗机还得先了解它们的名称。

正式名称与昵称

某些战斗机不仅有着严谨正式的名称,还有着特有的昵称。如美国军方编号F-15的战斗机被称为"鹰"(Eagle)、F-14战斗机被称为"雄猫"(Tomcat)等。F/A-18舰载飞机有着"超级大黄蜂"的别名,但在美国海军内部它还会被称作"犀牛"(Rhino),这是由于美军士兵觉得它外形威武,就像一头犀牛。

以生产厂商来命名

苏联的现代战斗机主要由米高扬-格列维奇(Mikoyan-Gurevich)与苏霍伊(Sukhoi)这两家设计公司研发生产,故苏联的战斗机的叫法多以"米格"(MiG)、"苏"(Su)开头,如米格-29、苏-27等。现在常说的"米格机"多指米格-29,而"苏霍伊"多指苏-27、苏-35。而在朝鲜战争、越南战争中得到广泛使用的米格战斗机,虽然同样称为"米格机",但是所指机型是不一样的,朝鲜战争指的是米格-15,越南战争中的则为米格-21或米格-17。

二战时期,纳粹德国战斗机的叫法也颇为复杂,即便是以"梅塞施密特"(Messerschmitt)与"福克-沃尔夫"(Fock-Wulf)这样的制造厂商来命名,也会有轰炸机和运输机的区别。

还有相同昵称却代表不同时代飞机的情况,如"台风"战斗机既可以指二战时期的英国战斗机"Hawker Typhoon",又可以表示现当代欧洲最新锐战斗机"Eurofighter Tyhoon"。法国的"幻影"(Mirage)也很复杂,它有"幻影"Ⅲ、"幻影"F1、"幻影"2000,而"幻影"Ⅳ指的却不是战斗机,而是战斗轰炸机。

● 战斗机的称呼方法

美国波音 F-15C Eagle

Boeing：制造厂商名

目前美国现有的战斗机几乎都是由波音（Boeing）与洛克希德-马丁（Lockheed Martin）两家公司制造。就连 F-15 与 F/A-18 等原为麦克唐纳-道格拉斯（Mcdonnell Douglas）公司所生产的战斗机，现在也因该公司被波音合并，成为了波音的产品

Eagle：昵称

昵称的来源有很多方式，有些战斗机还同时拥有多个昵称。"Eagle"在世界各国广泛使用，名称来源可能是制造厂商内部代号或者公开征询而来

F-15C：机种名

美国战斗机于 1962 年之后，皆以"F"开头

苏联米格-29"支点"（Fulcrum）

MiG：制造厂商名

苏联的军用飞机以制造厂（设计局）名称的首字母等来开头，如米格（MiG）取自米高扬-格列维奇（Mikoyan Gurevich）的字首 M 与 G。其他的还有 Su（苏霍伊，Sukhoi）、Tu（图波列夫，Tupolev）等设计局

29：设计编码

在同一设计局内，依据设计顺序所赋予的编号，不因机种的不同而有所区别

"支点"：（北约代号名称）昵称

苏联的战斗机具有两种昵称，分别是北约赋予的昵称和自己命名的昵称。如米格-29"支点"在苏联称之为"燕"式，苏霍伊的苏-27"侧卫"（Flanker）则被称为"鹤"式

"F"的来源

> 印象中，美军的战斗机似乎都是以字母"F"开头的，这个"F"有什么含意，又是怎样来的？

二战时，日本、苏联及英国等国家对于军用飞机的称法各有不同，美国军用飞机的称呼较具单纯性与系统性，美国制造的军用飞机名称通常以数字和字母组合，以此区分不同飞机的用途。字母"F"被作为战斗机的名称开头。

二战时期，各国的飞机的命名方式各有不同，如果仅从飞机的名称来看，基本上无法马上辨别出它的用途。日本九七式战斗机或"零"式舰载战斗机以设计年份（日本天皇年号）的后面两位数字或是一位数字与用途组合成名称，日本陆军还有使用以"Ki"开头的流水编号，海军则以英文字母与数字组成制造记号。苏联的飞机以制造厂（设计局）与设计顺序编号组合命名，如米格–29与苏–27。德国也是以制造厂的代号和数字组合命名。欧洲各国常常赋予机种特别的昵称，而表示用途的记号则被放在昵称之后，如多国合作研发的"狂风"（Tornado），战斗机型称为"狂风"F3（Tornado F3），对地攻击机型则被称为"狂风"GR.1（Tornado GR.1）。

早期美国陆军航空队与海军使用的命名方式是完全不同的，直到1962年才统一调整命名方式，一直沿用至今。美国陆军航空队（1947年独立成为美国空军，英文全称United States Air Force，USAF）装备的战斗机在1947年以前名称开头为"P"，取自于"驱逐舰"（Pursuit）。1948年之后被改称为战斗机，其名称开头也改为"F"，取自于"战斗"（Fight）。由于1962年以前，美国海军本来就是使用"F"作为战斗机的名称开头，而海军陆战队是以海军为命名标准，加上美国陆军在飞机命名上完全与美国空军的命名一致，因此，1962年美国三军统一称呼之后，"F"开头就成为美国三军对战斗机的命名标准。

● 美制战斗机的命名法

1947 年前美国陆军航空队（United States Army Air Forces, USAAF）

North American P-51D Mustang

North American →制造厂商名
Mustang →昵称
P →用途编号（战斗机是 P）

51 →设计编号
D →改型编号

1947 年前的美国海军（United States Navy, USN 或 U.S. Navy）

Vought F4U-1D Corsair

Vought →制造厂商名
Corsair →昵称
F →用途编号（战斗机是 F）

4U →设计编号
1D →改型编号

主要厂商编号与使用范例

A → Brewster（F2A Buffalo）
B → Boeing（F4B）
C → Cutiss（F11C Hawk）
D → Douglas（F4D Skyray）

F → Grumman（F6F Hellcat）
H → McDonnell（F3H Demon）
J → North American（FJ Fury）
U → Vought（F7U Cutlass）

1962 年以后美军通用命名标准

Lockheed F-16C Fifhting Falcon

Lockheed →制造厂商
Falcon →昵称
F →用途编号（战斗机是 F）

16 →设计编号（空军、海军共用）
C →改型编号（F-16 中的改型号）
32 →生产批号（有时会写成 Block 32）

专用机型编号或特殊用途编号及其使用范例

专用机型号
（在改变用途的时候加上去） **RF-4E**

E →电子对抗型（EF-111）
R →侦察型（RF-4）
T →教练型（TF-104）

特殊用途编号
（在特别状况时加上去） **XF-103**

N →永久特殊试验型（NF-104）
X →验证型（XF-17）
Y →量产试验测试型（YF-22）

05 战斗机的外观

战斗机作为"先发制人"的利器，在战斗中被首先用在最前线，这就决定了其必须具备"高、快、强"的特性，所以在研究设计战斗机时，其外形设计必须符合战斗机的性能要求，追求最高效率，才能使战斗机发挥出最佳性能。

活塞式战斗机

战斗机最重要的机动指数就是巡航速度、加速性能及空中机动性，这一机动指数对机体的设计要求比较高，因此战斗机内的每一个设备均需精心设计，才能使其有效整合。

一战时的战斗机主要采用复数机翼设计，二战之前改进为单翼，主起落架改进成了收放式，机翼的位置也从中翼位置换成阻力较小的低翼位置。

发动机的位置极为重要，它会直接影响机体的重心平衡。由于座舱通常置于机翼与机身相接的机体中心位置，因此，发动机和螺旋桨一般会被置于机身最前端。而燃料主要搭载在机翼内部和座舱后方的内置燃料箱内，由于燃料箱的特殊位置和燃料的易燃性会对战斗机本身造成极大威胁，因此，战斗机的防弹、防火设计显得极为重要。

喷气式战斗机

起初，喷气式战斗机的机翼布局与活塞式战斗机一样，采用低翼位置。随着技术的发展进步，喷气式战斗机的设计得到进一步改进，它的机翼位置被提升到了中翼或高翼位置，这样就可以在机翼下方直接挂载武器或副油箱，弥补了由于喷气式战斗机机翼较薄和机翼内部无法放置燃料的缺陷。同时，座舱后方的机身内部也能安装大型的燃料箱。

发动机与空气吸入口的位置也决定了喷气式战斗机的外形。战斗机的发动机不像客机那样直接挂载在机翼下面，而是安装在机身内部。进气道受到发动机数量及其安装位置的影响，空气吸入口也因机型不同而有所差别，例如，F-14、F-15或米格-29、苏-27等，它们的设计都是把空气吸入口放置在机翼下面，而F-22、F-35等隐身战斗机则是放置在机身的两侧。

● **不同时期战斗机的结构**

活塞式战斗机的外形　　　P-51D

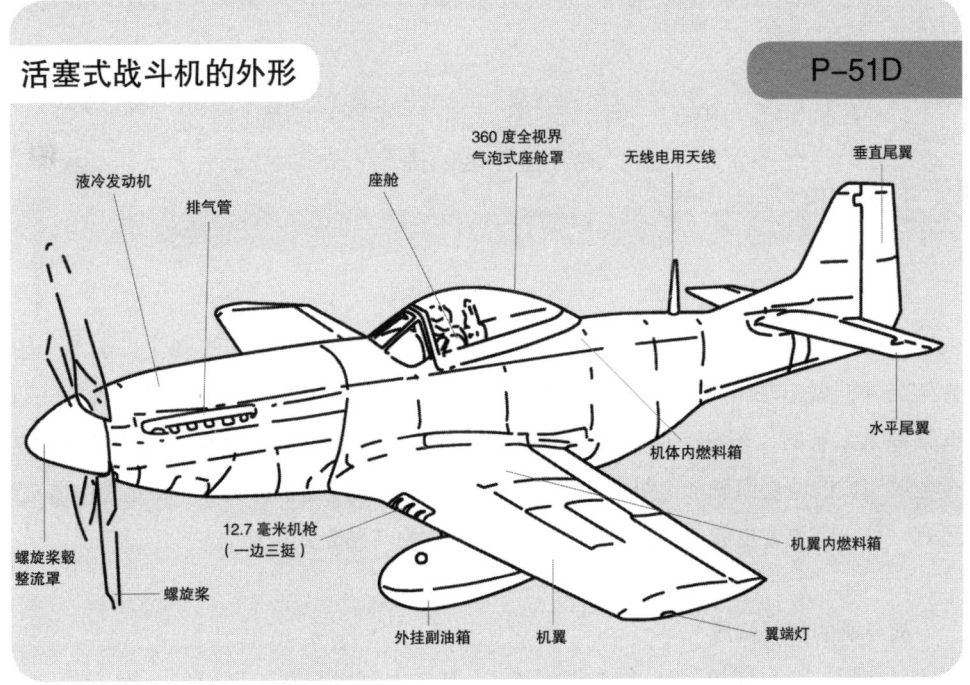

喷气式战斗机的外形　　F-16C "战隼"（Fighting Falcon）

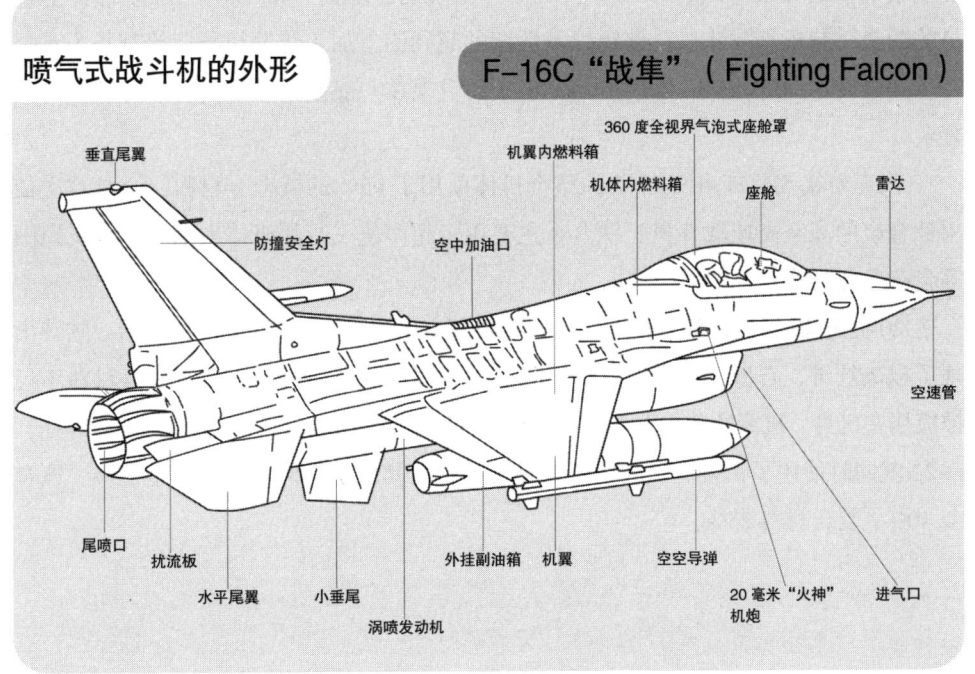

战斗机的构造与材料

在战斗机发展的一百多年中,其制作工艺和所用材料也取得了巨大进步,这不仅显示出了战斗机性能的提高,同时也证明了人类航空工业水平的巨大进步。

战斗机的构造类别

一战时期的战斗机使用较多的是"桁架(Tress)构造",它的制作方法是先用骨架与外框做出基本形状,然后在上面贴上帆布等作为蒙皮。当时大多数战斗机的框架都是木制的,还有一部分则是使用钢管骨架。现在普遍应用的方法是在木材或全金属制成的蒙皮内侧加上纵梁框架来加强两边的强度,这被称为"半硬壳式构造";还有一种只需要蒙皮就能保持强度的构造,被称为"硬壳式构造"。

战斗机的材料构成

二战后,全金属单翼战斗机成为主流。其基本材料是在铝里面加入铜、镁、锰等混合而成的硬铝(Duralumin)。1918年出现的容克斯(Junkers)D.I是世界上最早的的金属制单翼战斗机。硬铝以及后期的超硬铝、加入锌的超硬铝等都是为了提升金属强度于20世纪30年代被开发出来的。现在一般使用的是具有多种特性的铝合金。

洛克希德SR-71和YF-12的整个机体使用了95%的钛合金材料,它是首次使用钛合金的高空高速战斗机。钛合金主要用于超声速飞行的机体表面与发动机周围等会产生高温的部分。

20世纪40年代,玻璃钢这种复合材料开始出现,20世纪50年代以后,陆续出现了以碳纤维、石墨纤维、碳化硅纤维等为增强体的复合材料。现在复合材料不仅被应用在机身、机翼的蒙皮上,还被应用在需承受应力的机翼梁与骨架、尾翼等处。F-22就同时使用了铝合金、钛合金及复合材料,其使用比例为:铝合金22%、钛合金40%、复合材料25%。

● 战斗机的材料演变

1910—1920 年
复翼螺旋桨飞机
用合金或布粘贴在木质框架或钢管骨架上

1930—1940 年
单翼螺旋桨飞机
采用铝合金（硬铝）的全金属制成，蒙皮的一部分粘上布料

1950—1960 年
喷气式战斗机
采用铝合金的全金属制成，一部分使用钢材或钛合金

1970~1980 年
以铝合金为主，增加钛合金的比例。还有一部分使用复合材料

1990 年至今
复合材料的比例增至 25% 左右

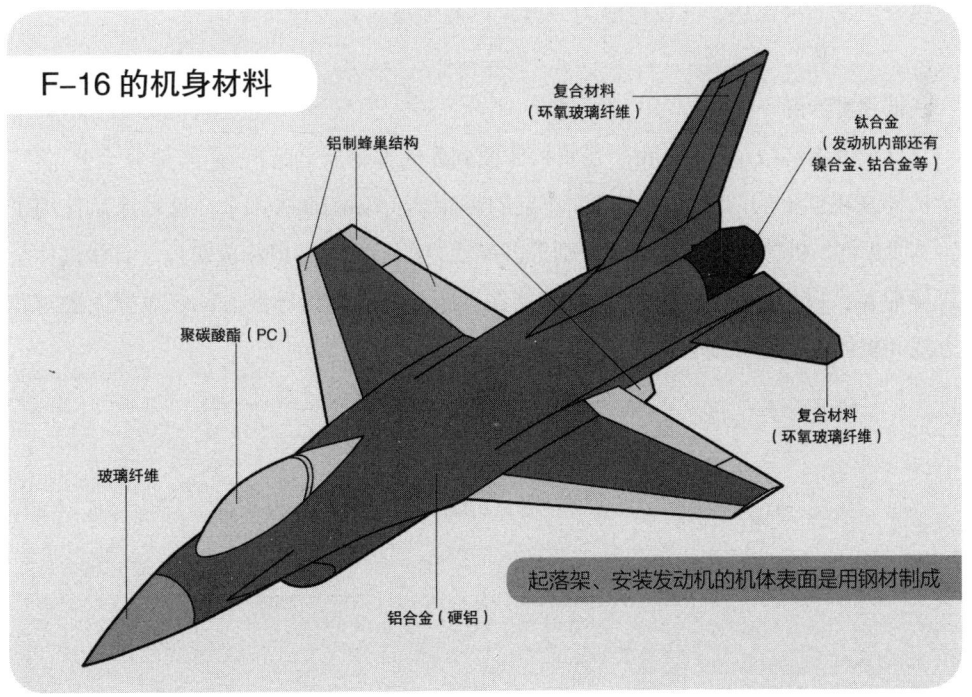

F-16 的机身材料
- 复合材料（环氧玻璃纤维）
- 钛合金（发动机内部还有镍合金、钴合金等）
- 铝制蜂巢结构
- 聚碳酸酯（PC）
- 玻璃纤维
- 复合材料（环氧玻璃纤维）
- 铝合金（硬铝）
- 起落架、安装发动机的机体表面是用钢材制成

07 战斗机的涂装及其作用

> 不同时期的战斗机在外观色彩上有着很大差异，同一时期不同国家、地区的战斗机也会采用不同色彩的涂装，这些涂装可不仅仅是为了区分色彩，而是有特殊的作用。

机身融入自然环境背景，使之难以辨别的涂装

一战时期，出于炫耀战果的目的，当时的王牌飞行员喜欢把自己的座机机体涂成红色、黑色等非常显眼的色彩来突出自身。随着空战理念的改变，保护自身不被对手发现成为有效的生存手段之一，迷彩涂装开始运用于战斗机的机身上。

云型迷彩是最典型的军用飞机迷彩涂装，它是在机体和机翼上画上两色以上的涂装。一战的盟军战斗机上已经开始使用将机体涂成茶色和绿色的云型涂装。还有一种把机体涂成上面暗、下面亮的双色迷彩，也被普遍运用到现代战斗机上。这种双色迷彩，就是在机体下半部分涂上浅色，与天空相融，机体上半部分涂上深绿色，与海水相融，以此躲避敌方的上下侦察。从二战到朝鲜战争期间，夜间战斗机都会把机身全部涂成黑色，与夜色融为一体，以避免被敌方发现。

低视度涂装

低视度涂装（Low Visibility）是将机体照到光的部分涂上暗色，阴影部分涂上亮色，使机体在视觉上的凹凸消失，也称作反阴影涂装（Countershade）。这种涂装使用了2~3种灰色，机体上国籍和部队识别等五颜六色的地方都可以涂成灰色。有些机体会将座舱盖涂成黑色，这种低视度涂装能在近距离缠斗中误导敌方，使敌方无法对我方战斗机的飞行姿势或方向作出准确判断。

● 常用迷彩

单色迷彩

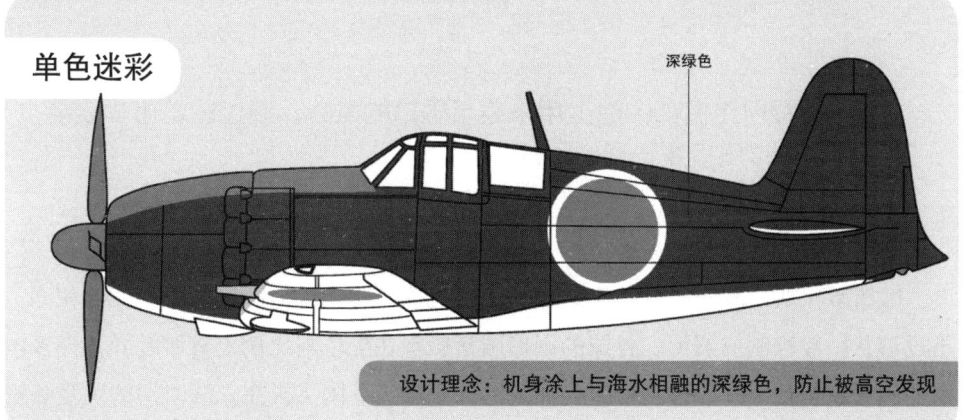

深绿色

设计理念：机身涂上与海水相融的深绿色，防止被高空发现

三色迷彩

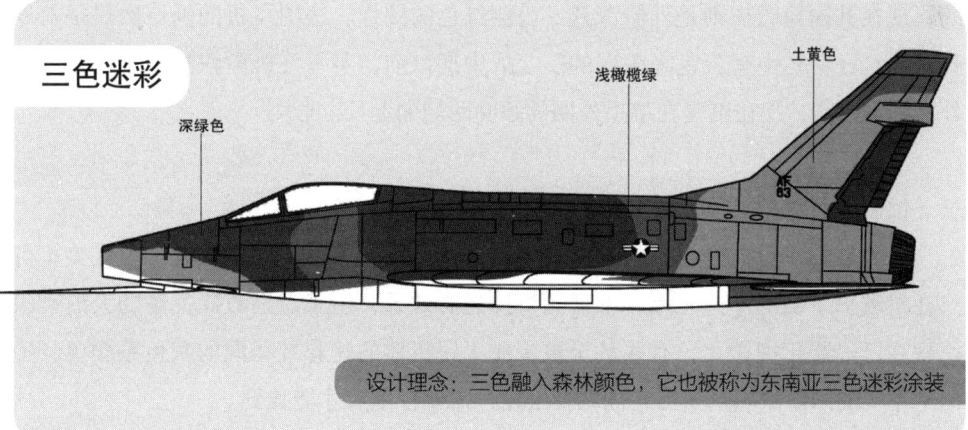

深绿色　浅橄榄绿　土黄色

设计理念：三色融入森林颜色，它也被称为东南亚三色迷彩涂装

低视度迷彩

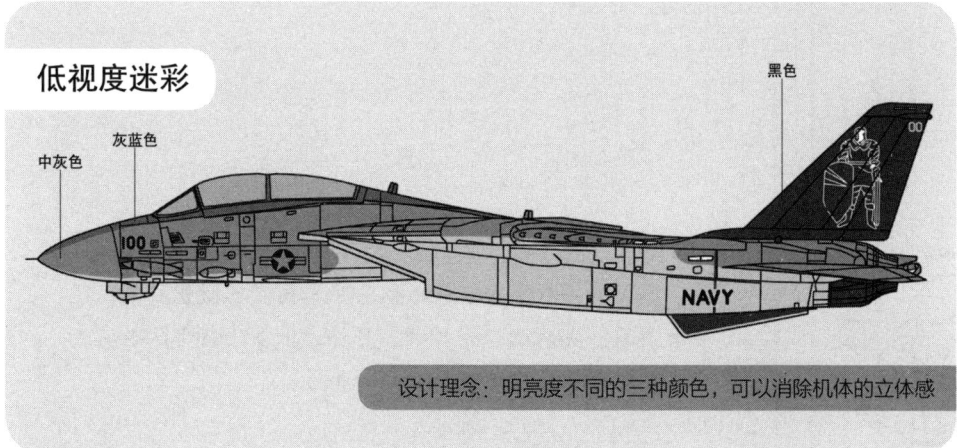

中灰色　灰蓝色　黑色

设计理念：明亮度不同的三种颜色，可以消除机体的立体感

08 国籍徽帜

各国军用飞机都会涂上用来表示国籍的徽帜，通过国籍徽帜就能直观地判断该飞机属于哪个国家。

圆形国籍徽帜

国籍徽帜从一战开始就被涂装在军用飞机上，其颜色与国旗的颜色大致相同，不过形状一般被制成圆形，各国的圆形国籍徽帜在配色与比例上有所差异，许多国家的国籍徽帜是由2~3种色彩组合而成的同心圆。英国飞机在二战时期的国籍徽帜是由外到内采用深蓝、白色、红色这三种颜色以5：3：1（直径比）的比例来制成的，现在其国籍徽帜则是外侧深蓝、内侧红色的图样。法国飞机的国籍徽帜是由外到内以红、白、中蓝三色来表现的。二战中期以前，美军飞机徽帜的图案是在星星外圈加上圆圈，现在则是在星星外圈的圆圈两侧加上长方形。

位置与版本

国籍徽帜一般被涂在机身的左右两侧与机翼的左右上下面这六处，现代美军机只在机翼上下面的左边施涂。考虑到机体迷彩效果，用来识别敌我关系的大图案徽帜现在已经趋于细微化，有些甚至被涂成了跟机体的迷彩装相同的灰色系颜色。美国空军机的国籍徽帜基本已经被低视度化，需要仔细看才能找到。

各国战斗机上涂装的徽帜除了本国空军徽帜之外，还会有国旗、部队徽帜等几种。另外，很多飞行部队也有专门设计的徽帜，以此表明自己的番号。

● **美国空军国籍徽帜的历史变化**

1917年5月始　　1918年1月始　　1919年8月始　　1942年5月始

1943年6月始　　1943年9月始　　1947年1月始　　红色

中蓝色

深蓝色

● **各国空军徽帜**

英国　　　英国　　　法国　　　纳粹德国　　纳粹德国　　德国
（二战时期）（现代）　　　　　（二战时）　（二战时）　（现代）

中国　　　　　　　波兰　　　　　　　葡萄牙

澳大利亚　　加拿大　　新西兰　　挪威　　瑞典

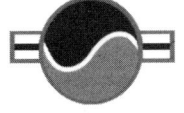   

韩国　　　奥地利　　丹麦　　以色列　　红色

黄色

中蓝色

深蓝色

17

战斗机的燃料

战斗机的燃料其实并没有人们想象中那么复杂，只是由于发动机的不同，造成所使用的燃料各有不同。喷气式飞机发动机依靠燃料燃烧来产生推力，这种发动机使用的是专用的航空煤油。活塞式飞机发动机的构造与汽车发动机相近，这种发动机所使用的燃料为含铅汽油。

喷气式飞机使用的航空煤油

喷气式飞机发动机所使用的燃料须经受10000米高度上的低温低压环境，因此，航空煤油的纯度远比一般市场上销售的煤油要高，其添加物的配比也更为严格。

喷气式飞机发动机的燃料可以分成两大类，即"煤油类"（JET-A）和将煤油与石脑油混合而成的"Wide-cut类"（JET-B）。民用飞机使用的燃料为煤油类，军用飞机则须视情况而定。如美军是根据用途和种类将燃料分成JP-4~8等几大类，美国空军使用的是Wide-cut（1996年之后开始改用煤油系的JP-8），海军使用的是JP-5。

活塞式飞机使用的含铅汽油

虽然活塞式飞机发动机和汽车一样，都以汽油作为燃料，但飞机运用的环境更为严酷，需具备较高的防振性，因此，燃料选择的是辛烷值相对较高的含铅汽油。

二战中，纳粹空军使用的是辛烷值87的B4燃料，以及辛烷值为96的C3燃料等。美国陆军则是使用标准辛烷值为100，且在加入苯等添加剂后辛烷值可提升至130的100/130级燃料。

含铅汽油是在汽油中加入一定量的四乙基铅的汽油。含铅汽油于20世纪20年代被发现，在美国广泛使用，并很快在全世界推广开来。但含铅汽油燃烧排放的铅危害很大，从20世纪90年代开始，日本、加拿大、美国等都纷纷禁止销售含铅汽油，我国也于2000年1月1日全国停止生产含铅汽油，并于2000年7月1日在全国停止销售和使用含铅汽油。世界上大多数国家都在积极推动汽油无铅化，推广使用无铅化汽油。

● 美国空军国籍徽帜的历史变化

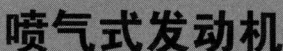

依据发动机的种类使用燃料

喷气式发动机

燃料燃烧后喷射出气体，产生推动力

煤油

JET-A（煤油类）是现代军用飞机、民用飞机的主流燃料

JRT-B（Wide-cut类）以煤油和石脑油混合而成，美国空军1990年前使用

活塞式发动机

构造类似于汽车发动机

汽油

辛烷值为90～100的高辛烷值汽油

19

10 战斗机座舱的座位数

> 早期的战斗机座舱中只有一个座位，后期发展出现了两个座位的战斗机。后者与前者相比，有哪些区别和优势呢？

双座型战斗机的发展

战斗机与其他机种相比，其体型相对较小，因此，它的座舱一般只能容纳一名飞行员。从一战到二战直至1950年左右，早期战斗机都是由一个飞行员来完成所有的操纵、搜索及其他战斗任务。到了20世纪50年代，随着全天候战斗机的出现，战斗机的座舱内被安置了两个座位，同时采用前后座纵列式的座椅配置，后座的飞行员被称为"雷达导航员"。最初将战斗机双座实用化的是当时的全天候喷气式战斗机洛克希德F-94和诺斯罗普F-89等大型战斗机。最后将这种双座型确定下来的是美军20世纪60~70年代大量使用的F-4"鬼怪"II战斗机。美国海军中的F-4"鬼怪"II战斗机将前后座人员的职责划分得很明确，前座是飞行员，负责战斗机的驾驶；后座为"RIO"（雷达截获官）。空军中的F-4"鬼怪"II战斗机前后座均安装有操纵杆。之后这种前后座模式被F-14"雄猫"、F/A-18F"超级大黄蜂"继承下来。就美军而言，既有以拦截任务为主的F-15、F-16及新锐的F-22单座型战斗机，又有强化了对地攻击功能的F-15E"攻击鹰"（Strike Eagle）之类的双座型战斗机。

横列配置的双座型战斗机（Side-by-side）

除了有纵列式座椅布置，还有横列式座椅布置的双座型战斗机。如F-111和苏-34战斗机。不过它们并非纯粹的战斗机，而是被赋予专门作战任务的战斗攻击机或战斗轰炸机，可以用于执行远距离的作战攻击任务。目前这种横列式的双座型机还衍生出了TF-102、BAe"闪电"T型（Lightning T）教练机。这种横列式座椅布置的战斗机较之纵列式座椅布置的战斗机更有利于飞行员之间的沟通合作。

● 单座型到双座型战斗机的演变

洛克希德 P-80 "流星"
（Shooting Star）

1944年首次飞行的美国最早的实用化的喷气式战斗机（战斗机基本上是单座）

洛克希德 F-94C "星火"
（Starfire）

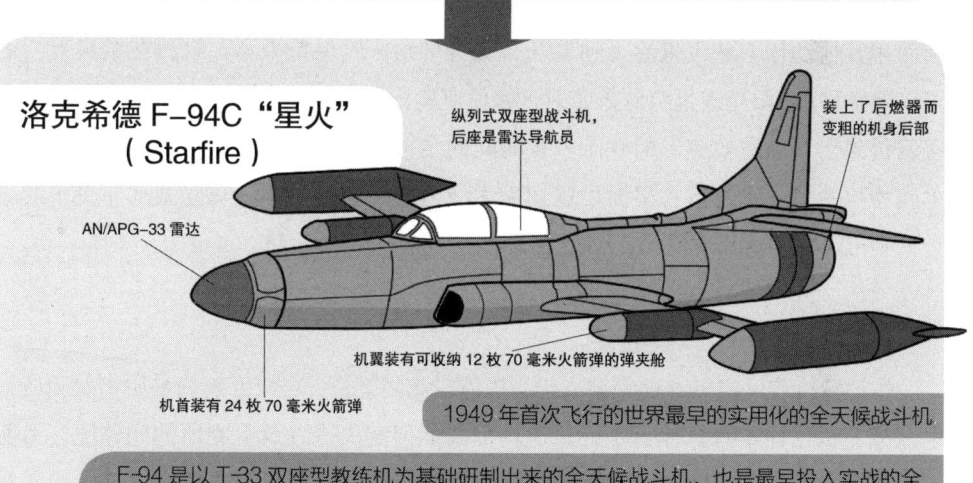

- 纵列式双座型战斗机，后座是雷达导航员
- 装上了后燃器而变粗的机身后部
- AN/APG-33 雷达
- 机翼装有可收纳12枚70毫米火箭弹的弹夹舱
- 机首装有24枚70毫米火箭弹

1949年首次飞行的世界最早的实用化的全天候战斗机

F-94是以T-33双座型教练机为基础研制出来的全天候战斗机，也是最早投入实战的全天候战斗机，并在朝鲜战争中取得诸多战果

横列式双座型战斗机

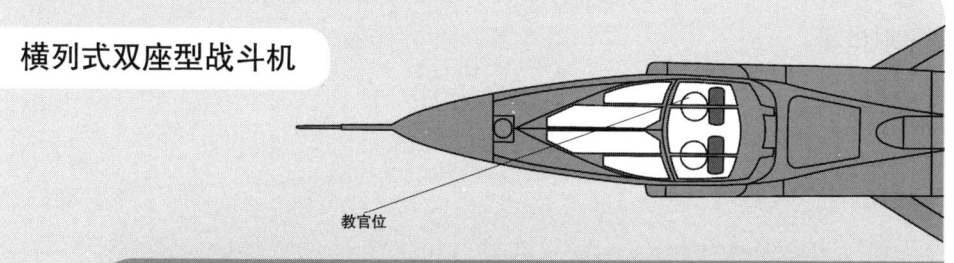

教官位

TF-102是康维尔F-102A "三角剑"（delta Dagger）战斗机的教练机型。F-102A的机首形如短剑般尖锐，改装成双座式后，座舱盖的部分被增大至原来的两倍

21

战斗机座舱内飞行员的活动

在战斗机这种狭小的机舱内,飞行员除了执行战斗飞行任务,还能做哪些活动?

飞行中的休憩

战斗机的座舱比较狭窄,即便是现代喷气式战斗机,它的标准火箭弹射座椅的宽度也仅有 50 厘米左右。而在欧美国家,健壮的飞行员在穿上飞行服、背负降落伞包之后坐进去,狭小的空间显得更为拥挤,飞行员行动也更辛苦。现代战斗机在到达目的地之前的巡航飞行一般可以使用"自动驾驶"的飞行模式,飞行员基本上无须使用其他动作。从飞机起飞到着陆,飞行员须一直保持坐姿,脚放在踏板上,不可以随意移动。阳光透过座舱盖照射进来使座舱内温度较高,即便有空调来调节温度,座舱仍处于"温室效应"的状态。长时间的飞行令飞行员很容易感到困乏,如果是单座型战斗机,飞行员在里面可以切断无线电之后自哼一曲,双座型战斗机中的飞行员则可以偶尔互相聊两句,驱走乏意。

饮食与如厕

像运输机或反潜机这种大型飞机,机体内空间宽裕,可以安装简易厨房及厕所,但在战斗机这样本身机体狭小的机舱内部要如何解决进食及上厕所的问题呢?目前战斗机中,除了苏–34 这款双座横列式座椅布置的战斗机,在座舱内安装了简易厕所和微波炉以外,其他的各型战斗机都没有这样的设备。飞行员必须在座舱盖关上之前解决进食及方便问题,在座舱盖关闭到战斗机着陆、座舱盖打开为止,全程都要保持坐姿不变。因此,战斗机飞行员必须具备良好的身体素质,才能一直待命准备随时出发。

● 飞行员在战斗机机舱中的状态

虽如汽车驾驶员一般,但疲惫时不能进站休息,只能自娱解乏,避免睡着

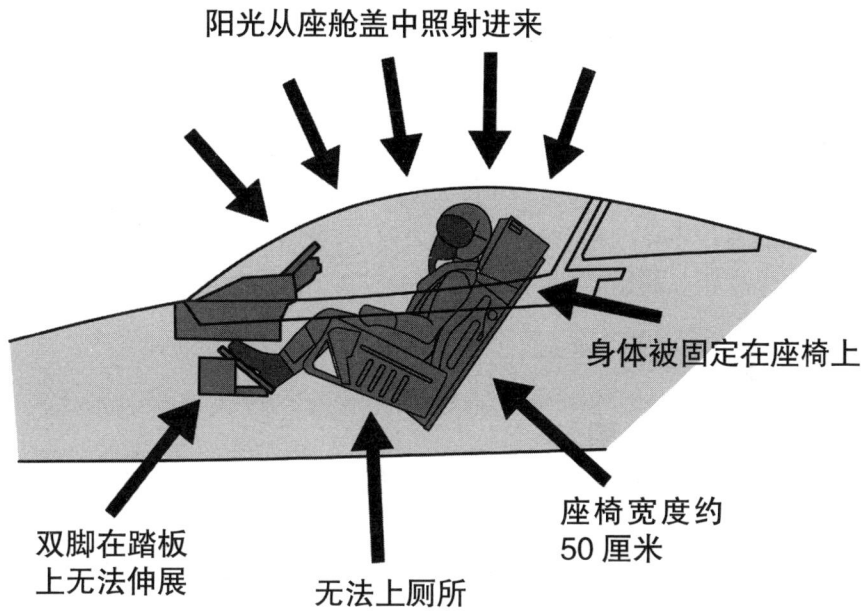

阳光从座舱盖中照射进来

身体被固定在座椅上

座椅宽度约50厘米

双脚在踏板上无法伸展

无法上厕所

双座型战斗机飞行员相对轻松

双座型战斗机,两名飞行员可以切断无线电互相聊天

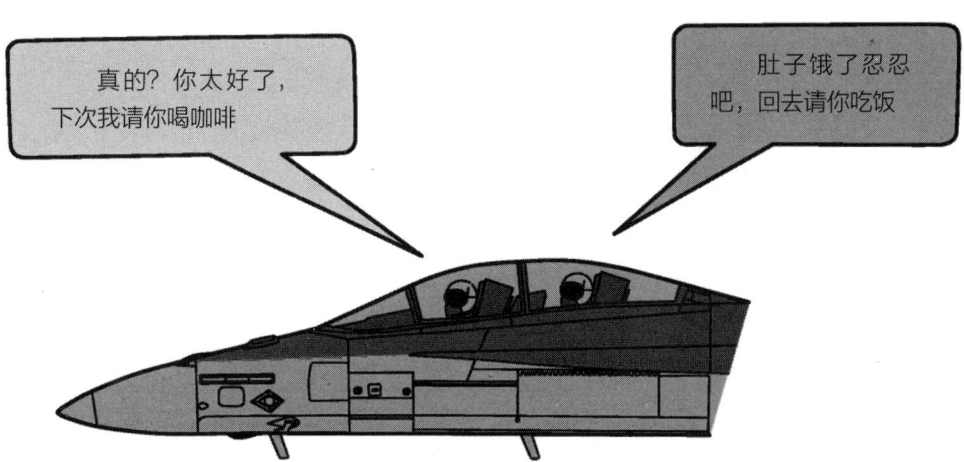

真的?你太好了,下次我请你喝咖啡

肚子饿了忍忍吧,回去请你吃饭

飞行员的装备

> 随着战斗机的发展，飞行员的装备也从最初的骑兵装发展到了现代的抗荷服。

骑马装与防寒用具

一战期间的飞行员在高空低压低温环境下的装备极其简单，他们身着骑兵装和军服，头戴盖住耳朵的飞行帽和小小的风镜，冬季在零下温度的高空中还会配备皮制大衣、毛皮外套和围巾。至于现在已经是必备物的降落伞也是在1917年以后才被实用化的。

氧气面罩和通信装置

20世纪30年代，战斗机飞行员的装备有了一定进步，开始更加接近现代飞行员的装备。手套和袜子中安装了电热线来防寒，飞行帽（Headhear）里面也装上了无线电接收机，以及在噪声环境下仍可以听得很清晰的喉头发话器。降落伞则放在座椅上当作座垫，紧急状态下可以快速使用。进行海上飞行时还会配备救生衣，迫降时的求生用具在当时也已相当完备。

抗荷装备

二战结束时，飞行员的装备并没有太大变化，直到战斗机的飞行速度超过声速，高速机动的动作随之增加后，因飞行员的血液在高负荷作用下集中在下肢，进而产生了黑视现象（因氧气不足而造成，看不清或者视线发黑），为此专门开发了可以加入压缩空气来压迫下肢的抗荷服，抗荷服出现之后，战斗机飞行员的装备才有了较大发展。这种抗荷服也成为了喷气式战斗机的标准装备。现代战斗机飞行员的装备更为先进，目前已经制造出专门用于压迫胸部的抗荷背心，可以执行更高难度的机动飞行。"头盔显示器"（Helmet Mounted Display，HMD）是装在头盔上往前方大幅隆起的装备，里面可以投影出跟"抬头数字显示器"（HUD）相同的资讯。还有可以直接让导弹在飞行员视界范围内进行瞄准的"联合头盔显示系统"（Joint Helmet Mountede Cueing System，JHMCS），它们被广泛运用到美军最先进的F/A-18E/F和F-22上。

● 飞行员装备的发展变化

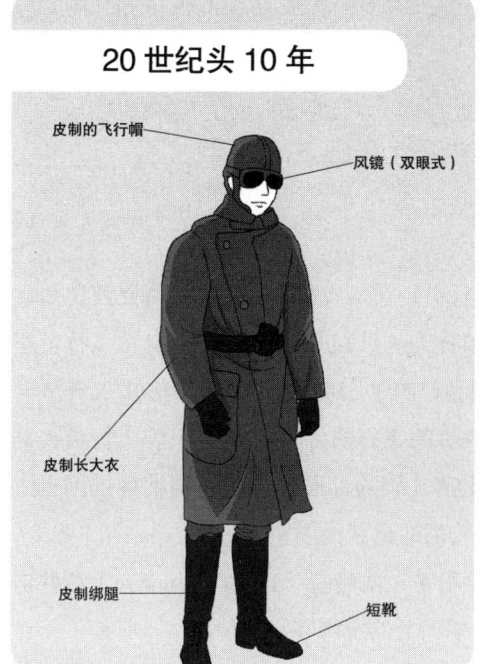

20世纪头10年

- 皮制的飞行帽
- 风镜（双眼式）
- 皮制长大衣
- 皮制绑腿
- 短靴

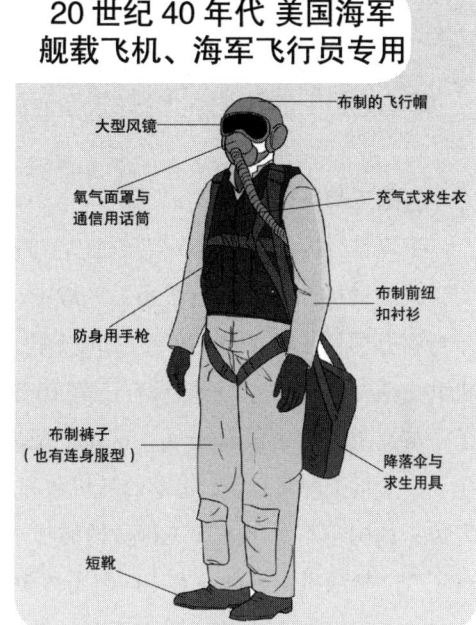

20世纪40年代 美国海军
舰载飞机、海军飞行员专用

- 大型风镜
- 布制的飞行帽
- 氧气面罩与通信用话筒
- 充气式求生衣
- 防身用手枪
- 布制前纽扣衬衫
- 布制裤子（也有连身服型）
- 降落伞与求生用具
- 短靴

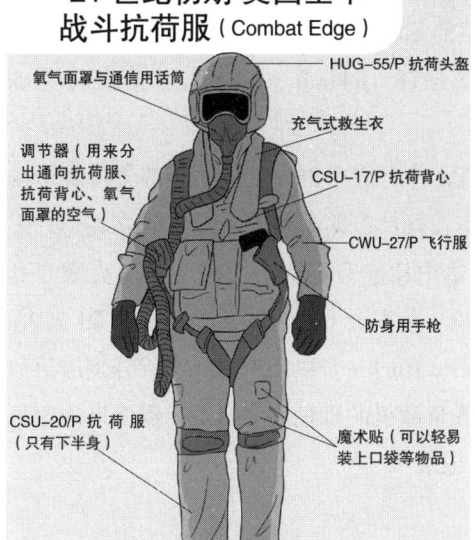

21世纪初期 美国空军
战斗抗荷服（Combat Edge）

- 氧气面罩与通信用话筒
- HUG-55/P 抗荷头盔
- 充气式救生衣
- 调节器（用来分出通向抗荷服、抗荷背心、氧气面罩的空气）
- CSU-17/P 抗荷背心
- CWU-27/P 飞行服
- 防身用手枪
- CSU-20/P 抗荷服（只有下半身）
- 魔术贴（可以轻易装上口袋等物品）
- 短靴

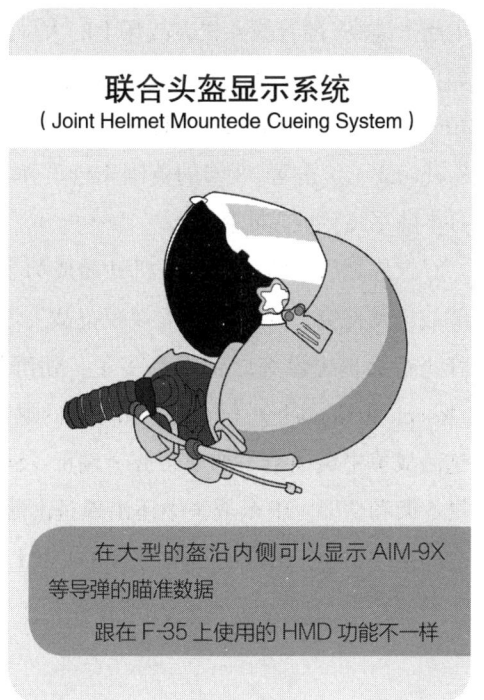

联合头盔显示系统
（Joint Helmet Mountede Cueing System）

在大型的盔沿内侧可以显示 AIM-9X 等导弹的瞄准数据

跟在 F-35 上使用的 HMD 功能不一样

13 王牌飞行员

> "Ace"一词出自法语,意指"杰出的人",在航空飞行界解释为"王牌飞行员"的意思。怎样的飞行员才能成为王牌飞行员呢?

各国王牌飞行员

王牌飞行员是指击落 5 架敌机以上的飞行员,它是飞行员战功的一种褒奖称号,与正式的资历和军阶没有关系。一战中,被称为"红色男爵"的德国空军飞行员里希特霍芬男爵(Richthofen)是当时王牌飞行员中的王牌,他驾驶的 Dr.Ⅰ三翼战斗机共击落敌机 80 架。早期只有击落 10 架敌机的飞行员才能被称作王牌飞行员,到了一战后期,为了鼓舞士气,这才下调为击落 5 架的标准。二战时期纳粹德国也产生了一大批王牌飞行员,击落的敌机数和人数都远超其他国家。空军 Experten(德文:专家;德国空军对于王牌飞行员的称呼)埃里希·哈特曼(Erich Hartmann)总共击落了 352 架敌机,另外还有 103 名击落 100 架以上的王牌飞行员。

二战时期,飞机被广泛用于军事作战,各国积极研制新型机种,战斗机的产量也越来越高。随着战斗机在战场上的大量使用,各国也陆续出现了许多的王牌飞行员,如:击落 34 架敌机的美国海军飞行员大卫·麦坎贝利(David McCampbell)、击落 40 架的理查·邦(Richard Bong)、击落 62 架的苏联红军飞行员伊凡·阔日杜布(Ivan Kozhedub)、击落 38 架的英国飞行员强尼·强森(Johnnie Johnson)、击落 51 架的日本陆军飞行员穴吹智等。

二战之后,喷气式战斗机开始成为主流,并且之后世界上发生的战争多属于局部战争及冲突,很少发生大规模空战,于是飞行员击落敌机的数量也越来越少,王牌飞行员再也没有之前那么多了。朝鲜战争中比较有名的有美国空军麦克康奈利(Joseph McConnell)(16 架)和苏联的尼古拉·苏家金(Nikolay Sutyagin)(21 架)。越南战争中美国空军的史蒂芬·瑞奇(Stephen Ritchie)和北越的阮文谷分别击落敌机 5 架和 9 架。中东战争中还出现过击落 15 架敌机的以色列飞行员,但海湾战争过后的空战至今,再没有击落 3 架敌机以上的记录。

全世界的王牌飞行员

全世界认可的王牌飞行员条件

击落5架（一战初期是击落10架）
必须要有僚机的证词或是照相机、摄影机的影像记录等具有公信力的证据

一战各国王牌飞行员及其击落数量

德国：
Richthofen	80架
Ernst Uder	62架
Erich Lowenhardt	54架
Werner Voss	48架

美国：
Edwar Rickenbacker	26架

意大利：
Francesco Baracca	34架

法国：
Rene Fonck	75架
Georges Guynemer	53架
Charles Nungesser	43架

英国：
William Bishop	72架
Mick Mannock	61架
Raymond Collishaw	61架
William Barker	53架

二战各国王牌飞行员及其击落数量

德国：
Erich Hartmann	352架
Gerhard Barkhorn	301架
Gunther Rall	275架
Otto Kittel	267架
Walter Nowotny	258架
Wilhelm Batz	237架
Erich Rudorffer	222架
Heinz Bar	220架

日本：
岩本徹三（海军）	约90架（也有210架的说法）
山田庄一（海军）	约120架
西泽广义（海军）	86架以上
福本繁夫（海军）	72架
坂井三郎（海军）	60架以上

美国：
Richard Bong（陆军）	40架
Thomas McGuire（陆军）	38架
David McCampbell（海军）	32架
Gabby Gabreski（陆军）	28架
Robert Johnson（陆军）	28架

英国空军：
Johnnie Johnson	38架
Pierre Clostermann	33架
Adolph Malan	32架

苏联：
Lvan Kozhedub	62架
Alexander Pokryshkin	59架
Grigoriy Rechkalov	58架

芬兰空军：
Eino Juutilainen	94架
Hans Wind	75架

※ 由于单人出击次数高达800~1000次，且在东部战线也能与大量苏联飞机交战，德国的王牌飞行员数量和坠机数量较为突出

朝鲜战争

美国空军：
Joseph McConnell	16架
James Jabara	15架

苏联：
Yevgeny Pepelyaev	23架
Nikolay Sutyagin	21架

越南战争

美国：
Stephen Ritchie（空军）	5架
Charles DeBellevue（空军）	6架
Duke Cunningham（海军）	5架
William Driscoll（海军）	5架

越南：
阮文谷	9架
梅文阳	8架

※ 喷气式战斗机成为主流，空战机会逐渐减少，击坠数量随之减少

14 战斗机能飞多远

战斗机的最长飞行时间和最远飞行距离同它的飞行速度一样重要，那么它到底能飞行多久多远，飞行的时间和距离又会受到什么影响呢？

飞行状况影响飞行距离

战斗机的机身与轰炸机相比，它的尺寸较小，内部油箱所能搭载的燃料较少，因此，战斗机在机身后部或机翼内部安装有内置的燃料槽。有时由于执行任务所需飞行距离较远，还会临时在机翼或机体下方挂载副油箱。飞机在高空以巡航速度飞行时所受空气阻力较小，燃料消耗最少，反之，在空气阻力较大的低空飞行是最耗燃料的飞行方式。

战斗机的续航距离

现代战斗机的续航性可以通过"最大航程"或"作战半径"来计算。"最大航程"是指战斗机在机翼或机体下方挂载副油箱，在加注最大燃料量后用节省燃料的方式飞行时所能达到的最远距离。"作战半径"是指飞机从基地到达作战空域并完成预定任务之后，能安全返回基地的距离。

二战中，从英国本土起飞的盟军轰炸机在续航距离较远的 P-51 "野马"（Mustang）战斗机的护航下，对纳粹德国境内实施轰炸任务，途中虽然遭到纳粹空军战斗机的迎击，但是损失并不大。二战期间，延长战斗机的飞行距离对作战成败具有重要意义。现代战斗机可以通过空中加油系统持续补给燃料，理论上可以实现无限飞行，不过由于飞行员的生理疲劳及弹药补给等因素，常常还是会以一小时为单位进行着陆停歇休整。

● 续航距离

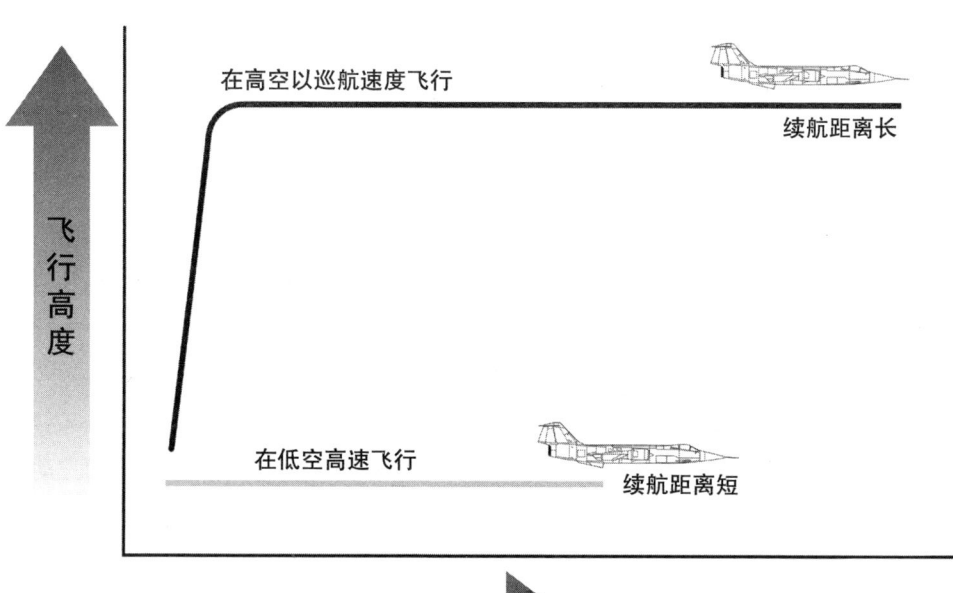

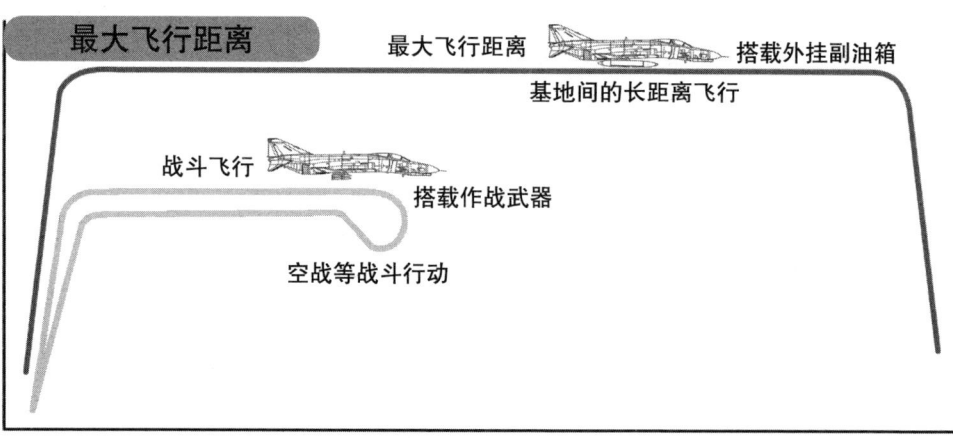

15 战斗机时速的发展

速度是衡量战斗机性能的一个重要指标，要求必须做到"先发制人"，同时还能以较之对手更快的速度撤离。

速度不断提高

莱特兄弟（1903年）发明的世界上第一架动力飞行器，最高速度为48千米/时。到了1912年，法国的Deperdussin竞速机的速度提高到209千米/时，后期还出现了时速达到709千米/时的意大利水上飞机马奇MC.72。二战时期德国的Me 262喷气式战斗机的最高速度达到了870千米/时，而当时各国的主力战斗机大多在600~700千米/时。二战后，美国研制出了人类历史上的首架超声速飞机——装有火箭推动器的X-1验证机，1947年10月14日，由美国王牌飞行员查克·叶格驾驶升空，顺利地完成了突破声速的任务，从飞机诞生到突破声速前后只花了40余年。

现代空战中主要是交战双方的战斗机利用空空导弹为主要进攻武器，进行相互攻击的战斗模式，交战中对速度的要求不高，最高时速一般在马赫数2~2.5之间。F-100是世界上最早的超声速战斗机，而F-104是首次达到马赫数2的战斗机。目前，有人驾驶的速度最快的战斗机是X-15验证机，它在1967年10月3日创下马赫数6.7的最高速度（高度31100米）。被用于大量生产的战斗机中速度最快的则是米格-25。

米格-25是苏联在20世纪60年代研制部署的一种高空高速截击机，由米高扬设计局负责开发，高尔基"鹰"飞机制造厂（GAZ-21厂）生产，空速可达马赫数3.2。米格-25在冷战时期曾出口过叙利亚、伊拉克、印度等国家，至今仍活跃在这些国家的空军中。

飞机在时速上的发展

突破声速前

- 1903 年 莱特飞行器　48 千米/时
- 1912 年 Deperdussin 竞速机　209 千米/时
- 1923 年 寇蒂斯 R2C-1 竞速机（水上机）　429 千米/时
- 1934 年 马奇 MC.72 竞速机（水上机）　709 千米/时
- 1935 年 梅塞施密特 Me 209　755 千米/时
- 1942 年 梅塞施密特 Me 262　870 千米/时

突破声速后

- 1947 年 "贝尔" X-1　马赫数 1.06
- 1953 年 道格拉斯 D-558　马赫数 2
- 1960 年 北美 X-15　马赫数 3.19
- 1967 年 北美 X-15A-2　马赫数 6.72

喷气式战斗机的速度

- 1947 年 F-86 "佩刀"　1100 千米/时
- 1953 年 F-100D "超级佩刀"　马赫数 1.28
- 1954 年 F-104C "星"　马赫数 2.2
- 1958 年 F-4E "鬼怪" II　马赫数 2.4
- 1964 年 米格-25P "狐蝠"　马赫数 2.8

31

16 战斗机多大合适

与其他机种相比,战斗机通常给人轻巧灵活的感觉,那么最大的战斗机是哪种型号?战斗机到底要多大才合适呢?

迄今世界最大战斗机

从战斗机诞生至今,最大的战斗机当属苏联设计的图波列夫图–128"小提琴"(Fiddler)全天候远距离截击战斗机。该机首次飞行是在1957年,全宽19.8米、全长27.4米、最大起飞重量为45吨,续航距离约为3200千米,可搭载AA–5"尘土"(Ash)空空导弹4枚。该机机头安装了大型的搜索雷达,就连二战期间活跃于欧洲战场的波音B–17(全宽31.6米、全长22.6米、总重量29.7吨、续航距离3220千米)这种大型轰炸机与图–128相比仍显逊色。图–128的制造厂商图波列夫公司是专门制造像运输机或轰炸机那样的大型机种,他们在制造战斗机的时候也许并没有考虑战斗机机身的紧凑性,而且当时单纯的空空导弹发射平台对飞机机动性要求也不高,因此,机身的大小也就没有那么至关重要了。另外,当时的发动机效率较低也是这种大型战斗机的产生原因之一。

战斗机对机身重量与发动机推力重量之间的比例要求较高,必须保证在充分携带武器的同时,不能因为自身过重影响到战斗机的机动性,而像运输机或轰炸机这种大型飞机则更多地注重机身的搭载量。一战时期的战斗机全长大多为7~8米,此时的战斗机都是木制帆布蒙皮的副翼机,到了二战时期,金属机身的战斗机全长约为10米。现代战斗机全长平均在20米左右,如F–15全长是19.5米,苏–27全长约21.9米(包含机首空速管),这样的尺寸刚好能满足涡喷发动机及电子设备的安装需要,能够保持良好的机动性。

● 史上最大的战斗机

图波列夫 图-128 "小提琴"

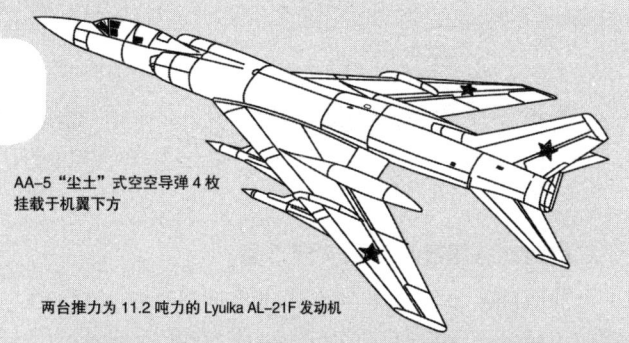

AA-5 "尘土"式空空导弹 4 枚
挂载于机翼下方

两台推力为 11.2 吨力的 Lyulka AL-21F 发动机

全宽 19.8 米、全长 27.4 米、最大起飞重量 45 吨、
续航距离 3200 千米、最高速度为马赫数 1.65（2021 千米/时）

二战波音 B-17 轰炸机

全宽 31.6 米、全长 22.6 米、最大起飞重量 29.7 吨、
续航距离 3220 千米、最高速度为 430 千米/时

战斗机的尺寸比较

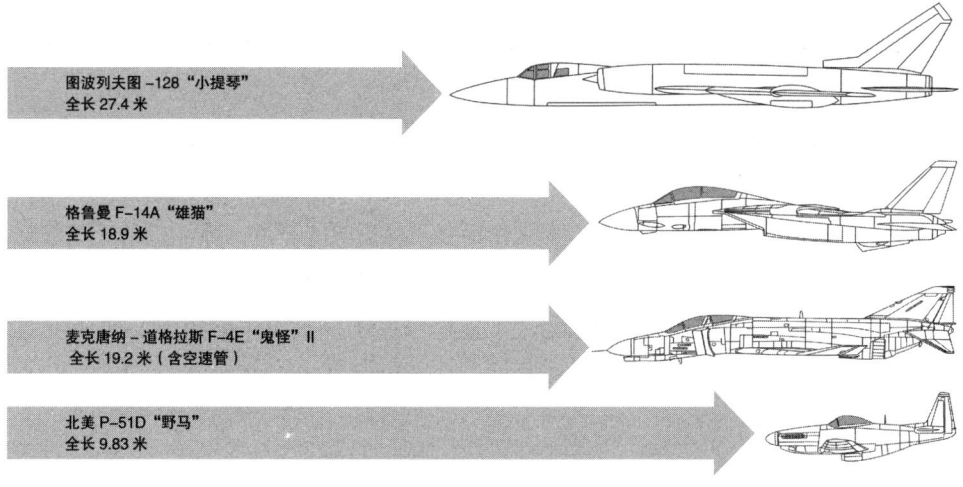

图波列夫图-128 "小提琴"
全长 27.4 米

格鲁曼 F-14A "雄猫"
全长 18.9 米

麦克唐纳-道格拉斯 F-4E "鬼怪" II
全长 19.2 米（含空速管）

北美 P-51D "野马"
全长 9.83 米

产量最多的战斗机

无论是军用飞机还是民用飞机,同一型号的飞机(包括发展型和衍生型)设计定型后,基本都会实现批量化生产,这样可以有效地降低生产成本。

二战时期各国战斗机的实际产量

二战时期,美军装备的战斗机可谓是"量压群雄",无论是海军还是陆军的战斗机生产总量都是很高的。其中海军的F6F"地狱猫"(Hellcat)和F4U"海盗"(Corsair)战斗机,总共生产了约12000架,陆军的P-40"战鹰"(Warhawk)战斗机生产了约13700架、P-47"雷霆"(Thunderbol)战斗机约为15700架,P-51"野马"战斗机约为14800架。同时,美国的轰炸机和攻击机产量也很高,主力机种大都有10000架左右的产量。相对而言,此时欧洲的战斗机的品种及产量较少,英国的"喷火"(Spitfire)战斗机约有22000架,德国的梅塞施密特Bf 109战斗机约为35000架,福克Fw 190战斗机约为20000架。相对而言,二战时日本的战斗机的产量很低,其中"隼"约有5700架,"零"式战机约有1000架。由此可见,任何一个军事强国都必须打下坚实的重工业基础方能掌握现代战争的主动权,才能立于不败之地。

数量最多的喷气式战斗机

米格-15是20世纪50—60年代生产数量最多的一种喷气式战斗机,它是由苏联及华约成员国家共同生产的,总数约为15000架,同期西方国家中的F-86战斗机约为8700架。米格-21则是生产数量最多的超声速战斗机,总数约为10000架,而F-4"鬼怪"II战斗机的产量约为5000架。其实,这些都是冷战期间东西方军事对抗的产物。

冷战结束后,由于军事预算的缩减和军事开发费用的高涨,战斗机的生产数量开始呈现下降趋势,例如美国,所有战斗机中F-14约700架(已退役)、F-15(到D型为止)约1300架、F-16约3500架、F/A-18(到D型为止)约为1600架。俄罗斯的苏-27战斗机约有900架、米格-29战斗机约有1000架。

● 二战中的战斗机生产架数

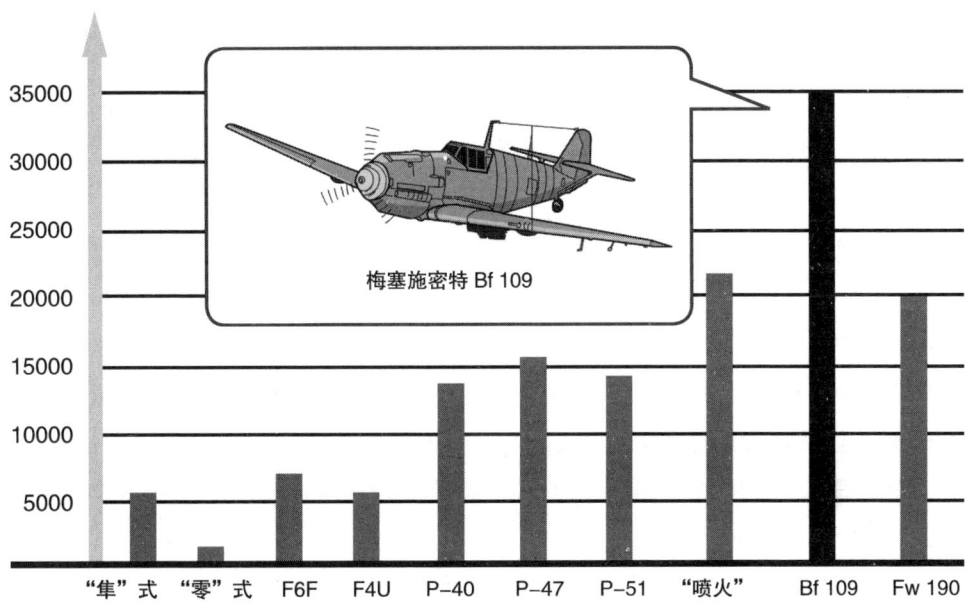

梅塞施密特 Bf 109

● 喷气式战斗机的生产架数

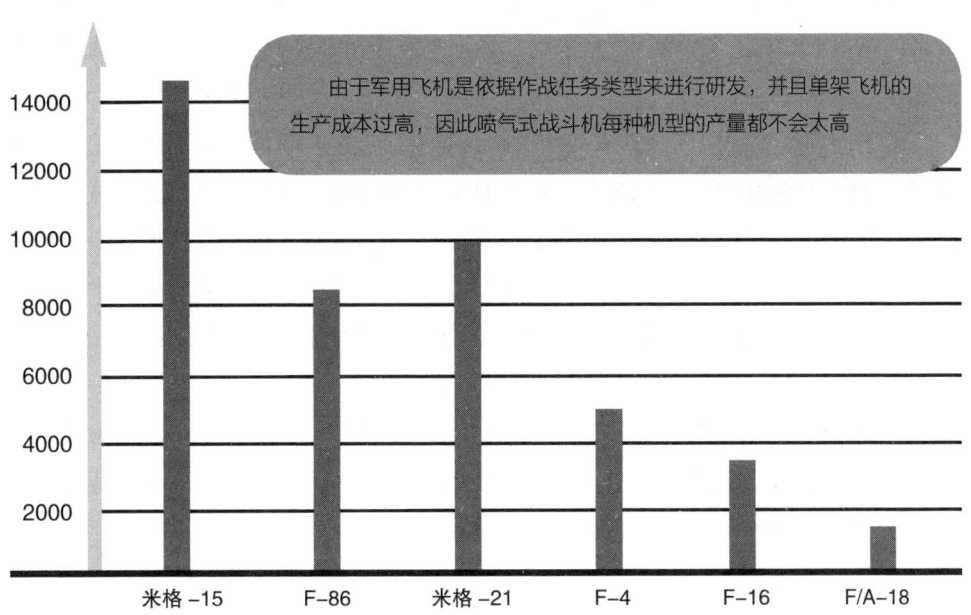

由于军用飞机是依据作战任务类型来进行研发，并且单架飞机的生产成本过高，因此喷气式战斗机每种机型的产量都不会太高

活塞式战斗机的发展历程

> 活塞式螺旋桨战斗机在一战开始被用作空战武器,在随后的30年里,它独霸蓝天,一时风光无限。

从一战到二战的发展

一战中,飞机以一种全新的武器形象出现,并开始成为一种新的专用机型,在欧洲的上空展开了激烈的空战,随之诞生了许多王牌飞行员。19世纪20年代至30年代末,战斗机有了质的飞跃,采用金属机身的活塞式螺旋桨战斗机逐渐取代了木制机身的战斗机,它的最高速度也从300千米/时提高到400千米/时。到了二战初期,低、单翼设计,拥有收放式起落架的活塞式螺旋桨战斗机开始出现,再次将战斗机的最高速度提升至500千米/时。

在欧洲战场,交战各国大多使用续航距离较短的战斗机,采用"打了就跑"的一击脱离战术进行空战。二战初期,主要是德国空军与英国空军之间的对决,随着美国的参战,战场被转移到了德国本土的上空,为盟军轰炸机提供护航的美式活塞式螺旋桨战斗机与纳粹德国的活塞式螺旋桨拦截机不分昼夜地持续进行激烈的消耗战。纳粹空军在数量上不占优势,但飞行技术高超。活塞式螺旋桨战斗机的最高速度最终超过了650千米/时。二战末期,纳粹空军还在实战中投入了世界上最早的火箭战斗机和喷气式战斗机,但是由于数量偏少的缘故,对整个战局没有造成多大影响。

由于地理位置的原因,日本战斗机特别重视续航距离,战术上更倾向于战斗机之间的近距离空中缠斗,所以装备的都是缠斗性能良好的轻型活塞式螺旋桨战斗机。在抗日战争中,中国空军装备的旧式战斗机在日本战斗机面前没有任何优势可言。同样。对于二战初期航空实力并不强大的美国,日本战斗机在初期的战役中也保持了相当的优势。不过,随着战争的延续,美国凭借着强大的工业基础及技术研发力量,开始大批量生产安装有2000马力发动机的高性能活塞式螺旋桨战斗机,之后战场的有利形势开始向美国倾斜。在太平洋战场上,决定战斗胜负的是航空母舰及其舰载飞机的攻击能力,美军战斗机凭着高达600~700千米/时的最高速度,在执行对日本本土轰炸的护航任务中将拦截的日军战斗机轻松击溃。

● 活塞式螺旋桨战斗机的发展历程（一战至二战）

1914 年

| 英国　德国　美国　意大利　法国 | 战斗机的诞生
新锐战机的研发
王牌飞行员的出现
最大速度：200～300 千米/时 |

1920 年

全金属机身的战斗机得到普及
最高速度提高到 400 千米/时

1930 年

低翼、单翼、收放式起落架的战斗机
最高速度提高到 500 千米/时

| 大西洋战场：
英国　纳粹德国
法国　意大利
美国
苏联 | 战斗机与轰炸机的较量
安装了大口径航炮，但续航距离较短的机型
一击脱离战术
最高速度提升至 600 千米/时 |

| 太平洋战场：
中国
美国
日本 | 战斗机之间的近距离缠斗
安装了机枪、航炮、续航距离较远的战斗机
航空母舰上的舰载飞机性能优秀 |

1940 年

| 大西洋战场：
夜间战斗机的出现
火箭和喷气式战斗机的出现
最高速度提升至 700 千米/时 | 太平洋战场：
远程战斗机的出现
大口径航炮、大型化的战斗机出现 |

37

专题：流传不变的昵称

对于喜爱战斗机的朋友，应该对"鬼怪"战斗机相当熟悉了，大家一听到"鬼怪"，就会联想到麦克唐纳－道格拉斯公司生产的F-4战斗机吧？其实F-4的昵称应该为"鬼怪"Ⅱ才对，真正的"鬼怪"应该是指同一公司于1945年研发的供美国海军使用的FH喷气式战斗机。那么，为什么F-4与FH会共同拥有一个昵称呢？

为了凸显自身的与众不同及性能优越性，大部分国家都会为自己生产的战机型号取一个响亮帅气的昵称，如果新机型继续使用以前的昵称，制造厂商就会在最初老型号的昵称后面加"Ⅱ"用以区别（这种命名方式只限于同一制造厂商），比较有名的是美国的FH"鬼怪"和F-4"鬼怪"Ⅱ、沃特（Vought）的F4U"海盗"与LTV的A-7"海盗"Ⅱ、共和（Republic）的P-47"雷霆"与现役美军攻击机费尔柴尔德（Fairchild）的A-10"雷霆"Ⅱ、洛克希德－马丁的P-38"闪电"（Lightning）与F-35"闪电"Ⅱ等。比较冷门一点的还有诺斯罗普的P-61"黑寡妇"（Black Widow）和在与F-22竞争中败北的诺斯罗普F-23"黑寡妇"Ⅱ。

还有一种情况，衍生型战斗机会在原型机的昵称后面添加"Ⅱ"以示区别，例如AV-8A"海鹞"（Harrier）与AV-8B"海鹞"Ⅱ，其实严格来讲，AV-8B"海鹞"Ⅱ可以算是一个全新的设计。

也有一些制造厂商不同、机型不同，但是昵称相同的战斗机，比较有名的是P-38"闪电"与E.E"闪电"，以及霍克"台风"与欧洲战斗机"台风"。取名相同必定都是有一定的历史背景，拿霍克"台风"与欧洲战斗机"台风"来说，它们其实也算是同一家公司的产品，英国是参与共同研发"台风"欧洲战斗机的国家之一，而且英国航太公司还是在1970年代后由霍克等厂合并而成的，但为了考虑到其他共同研发的国家，所以就没有加上"Ⅱ"了。

其实昵称相同的机种还是很好区别的，一般来讲，不带"Ⅱ"的老机型基本上都是具备一定名气的、二战时期或早已退役的机型，新研发机型之所以延续老机型的昵称，应该是因为生产厂商对它寄以厚望，希望它的战果、威名得以延续，并且加"Ⅱ"后更加便于区别。

第二章
战斗机的种类与运用

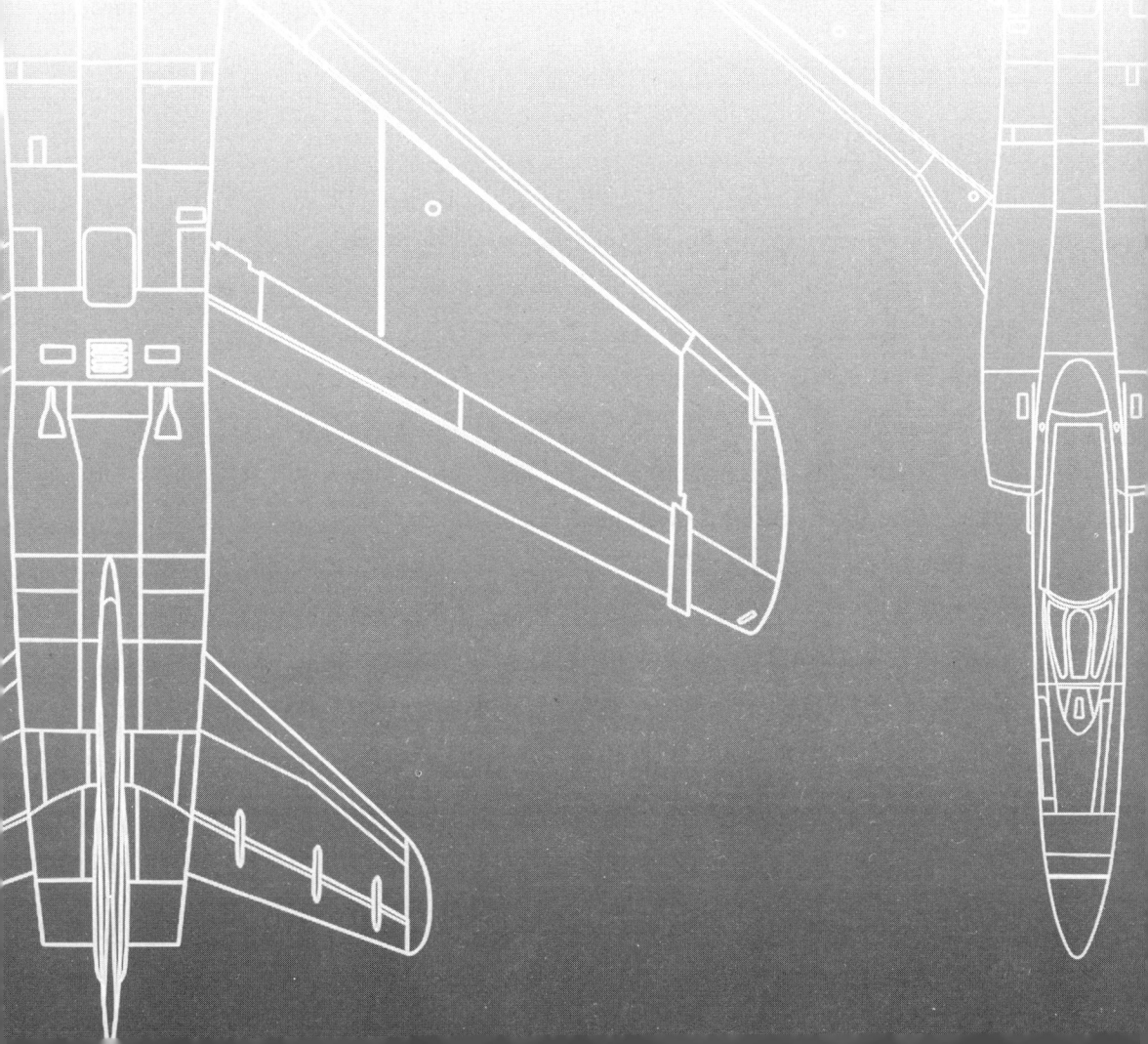

战斗机的类别

虽然战斗机只是军用飞机的一种，但是考虑到各种战斗机在战场上担任的角色有所不同，战斗机也被细分为很多种类。

以外观划分

根据战斗机的发动机数量，可以分为单发飞机和双发飞机。一战时的单翼、双翼、三翼机是根据战斗机的机翼来区别的。二战末期，根据发动机的不同，分为活塞式战斗机与喷气式战斗机。

由于起降平台的不同，战斗机的称法也不一样。例如，搭载在航空母舰或舰船上的战斗机被称为舰载飞机；装有浮筒，可以直接从海面、水面起降的战斗机被称为水上飞机。

以用途划分

迄今为止，战斗机已研发出可以执行各种不同作战任务的机型，最符合传统战斗机称谓的是空中优势战斗机（制空战斗机），它的缠斗性极强，主要用于压制敌机，夺取制空权。用于防御我方基地上空或者舰队上空领域的战斗机称为截击机，它的爬升能力与加速性能极强，具备复杂气象条件下的全天候作战能力，可以在地面、空中预警系统的指挥引导下执行各项任务。为执行护航任务而设计的战斗机，称之为护航战斗机。机身上搭载航空炸弹、空地导弹等武器，执行对地攻击任务的战斗机称为战斗轰炸机，或是歼击轰炸机。当代的战斗轰炸机因为同时兼具一定的对地和对空作战的能力，故称之为多用途战斗机。

根据昼夜作战的特点，战斗机还可分为昼间、夜间战斗机以及二战后期出现的全天候战斗机。起初，战斗机只能在白天作战，由于雷达技术的发展，二战时开始出现夜间战斗机，后来进一步发展成为可以昼夜作战的全天候战斗机，这种战斗机通过电子设备和雷达的引导来执行作战任务。现代战斗机皆具备昼夜作战的功能，因此，现今已无全天候战斗机这种说法。

● 以外形划分：单发飞机 双发飞机

活塞式战斗机根据螺旋桨的数量来区分，喷气式战斗机根据排气喷嘴数量来区分

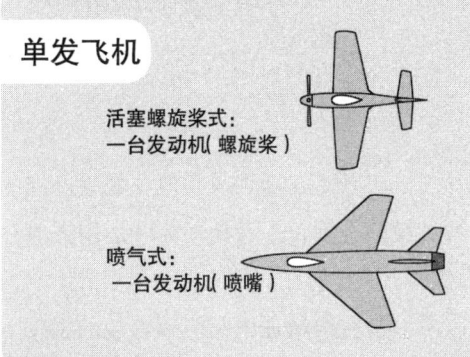

单发飞机

活塞螺旋桨式：
一台发动机（螺旋桨）

喷气式：
一台发动机（喷嘴）

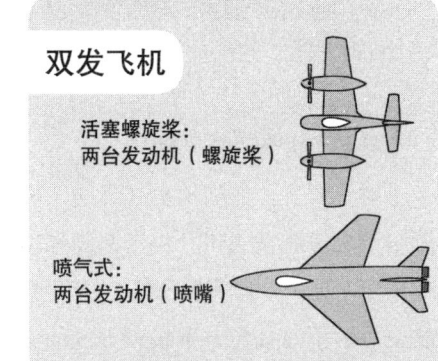

双发飞机

活塞螺旋桨：
两台发动机（螺旋桨）

喷气式：
两台发动机（喷嘴）

● 以用途分类

战斗机

空中优势战斗机（Air Superiority Fighter）：
压制敌方，夺取制空权

护航战斗机（Escort Fighter）：
执行护航任务

截击机（Interceptor）：
防守我方基地上空或舰队上空限定空域

战斗轰炸机（Penetration Frigter）：
搭载航空炸弹、空地导弹等武器，对地攻击

多用途战斗机（Multirole Combat Aircraft）：
具备多种动能，可执行多种任务

20 舰载飞机与陆基飞机

在很多国家，同样使用战斗机作战的飞行员却分属于不同的军种，或为海军，或为陆军，或为空军，这是怎么回事呢？

陆基飞机与舰载飞机

简单而言，在陆地上起降的飞机是陆基飞机，以航空母舰或其他军舰为基地的海军飞机是舰载飞机。由于起降环境与飞行环境的不同，二者在性能和运用方面存在一定差异。一是舰载飞机的起降性能更为优良。由于海洋气象条件和风浪的影响，航空母舰不时摇晃，甲板飞行区的面积又有限，这些都增加了起飞和着舰的困难。因此，舰载飞机通常具有比陆基飞机更好的起降性能。二是舰载飞机具有弹射起飞的功能。由于航空母舰起飞的甲板长度有限，舰载飞机须借助航空母舰上的弹射器起飞。起飞时，舰载飞机上的挂钩与弹射器相连，在自身发动机推力和弹射力的共同作用下，只需滑跑几十米便能脱钩，并飞离甲板升空。这种挂钩，陆基飞机是没有的。三是舰载飞机具有拦索着陆的功能。同样也是因为航空母舰上降落区的滑跑甲板长度有限，所以在舰载飞机的尾腹下都装有着陆钩。着舰时，机上的着陆钩与起落架同时放下，着陆钩钩住横置在甲板上的拦阻索，而拦阻索两端与缓冲器相连。在拦阻索的制动作用下，舰载飞机只需滑跑很短的距离就可停止。此外，甲板末端还备有拦阻网，万一舰载飞机着陆时不慎冲出甲板，便可落网获救。上述的着陆钩也是陆基飞机所没有的。

转变为陆基飞机的舰载飞机

由于舰载飞机受起降环境和作战环境的影响，它在使用方面受到很大的限制；而陆基飞机的使用则相对灵活，因此鲜有陆基飞机和舰载飞机是由同一机身发展而来的。F-4"鬼怪"II是少见的可以同时在海军和空军服役的战斗机，除了作为海军的主要制空战斗机以外，在对地攻击、战术侦察与压制敌方防空系统等任务方面也发挥了很大作用。

● 舰载飞机与陆基飞机

陆基飞机：
在陆地上的基地运用
起降性能要求不高
任务与能力较为特殊
大多是编为陆军或空军
也有海军的陆上基地所属机型

舰载飞机：
在航空母舰上运用
起降性能要求较高（重量限制等）
被赋予多种任务与能力
属于海军
也有搭载在航空母舰以外的舰艇的舰载飞机

因为被要求的性能与任务存在差别，所以鲜有陆基飞机和舰载飞机是由同一机身发展而来的

● F-4 "鬼怪" II 的研发历程

最初是为海军研发、生产

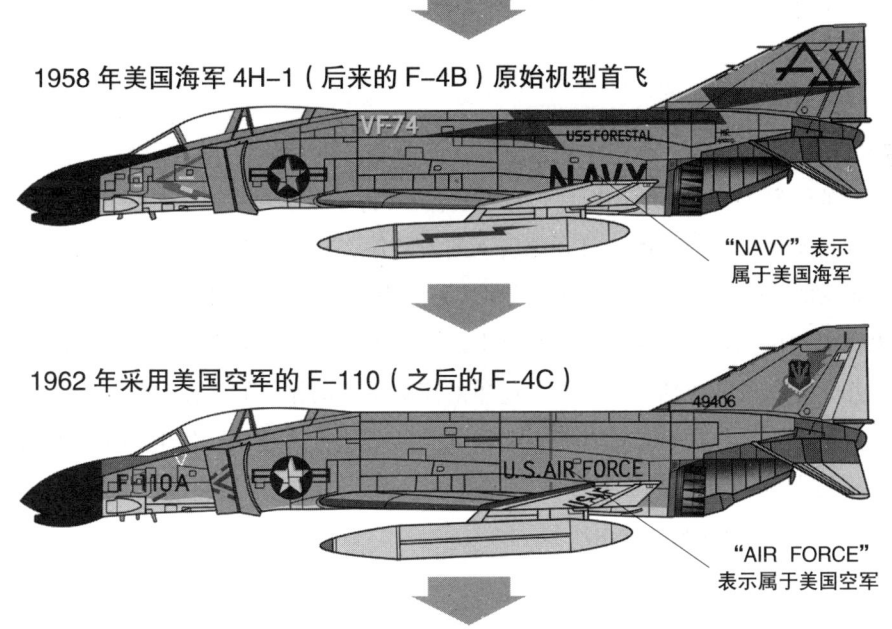

1958 年美国海军 4H-1（后来的 F-4B）原始机型首飞

"NAVY" 表示属于美国海军

1962 年采用美国空军的 F-110（之后的 F-4C）

"AIR FORCE" 表示属于美国空军

F-4 "鬼怪" II 经过改良、发展，服役于世界各地的空军与海军，总产量 5195 架

21 舰载飞机的起降

> 舰载飞机通常被搭载在航空母舰上,航空母舰飞行甲板的长度比陆地机场要小得多,舰载飞机如何在上面起飞降落呢?

具备弹射起飞的功能

航空母舰看上去好像很庞大,现代的大型航母飞行甲板虽然拥有两万平方米以上的面积,但是容纳了几十架不同种类的舰载飞机和忙碌的工作人员,可用空间并不宽裕。

最初的舰载飞机起飞时,航母必须将舰首朝着逆风处,舰载飞机靠着自身速度和风力才能飞离甲板,直到二战期间,舰载飞机才使用油压式弹射器起飞。随着舰载飞机发动机喷气化以及机身载重的增加,对弹射器的性能提出了更高的要求,逐渐发展到现在的蒸汽弹射器。蒸汽弹射器长约90米,可以将35吨重的物品瞬间加速到250千米/时并弹射出去。以F/A-18E/F为例,总重量约为30吨重的战斗机在弹射起飞时,飞行员的身体需要承受一吨重的压力。

极具危险性地降落

飞行员要着舰时,从空中观看航母,只是很小的一块"摇摆平台",航母上的降落也被称为"被控制的坠机"。首先飞行员要将进场速度控制在200千米/时左右,然后保持水平、降低高度,打开尾腹下的着陆钩,勾住设在甲板上的拦阻索,在勾住拦阻索的瞬间,飞机会在数十米的距离完全停止,飞行员关上发动机,降落成功。如果没能勾住拦阻索,飞行员必须马上加大马力让飞机再度飞离甲板,再次重复着舰动作,直到着陆成功。这个看似简单的离舰重飞动作,如果在只有200米长的斜角飞行甲板上操作失败,战斗机就会一头直接栽进大海里去。以F/A-18E/F为例,总重量约为30吨重的战斗机在着舰降落时,战斗机前起落架会承受80吨的压力,飞行员则会承受1.5吨的冲击压力。

舰载飞机弹射起飞顺序

1. 将飞机滑到指定位置，然后将前起落架的弹射连杆（连接机身与弹射器的钩子）连接到弹射器的牵引器。
2. 机身机翼上的襟翼须全部设为朝下。升起位于机身后方甲板上的燃气导流板（防护喷射气流的壁板）。
3. 在确认检查结束之后，把发动机开至最大推力，松开刹车装置。
4. 配合弹射官弹射开始的信号，按下弹射器的按钮。

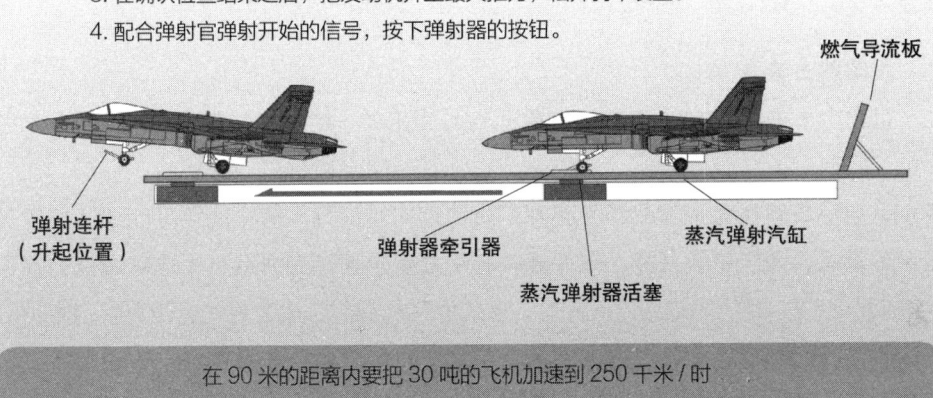

燃气导流板
弹射连杆（升起位置）
弹射器牵引器
蒸汽弹射器活塞
蒸汽弹射汽缸

在90米的距离内要把30吨的飞机加速到250千米/时

返航与着陆

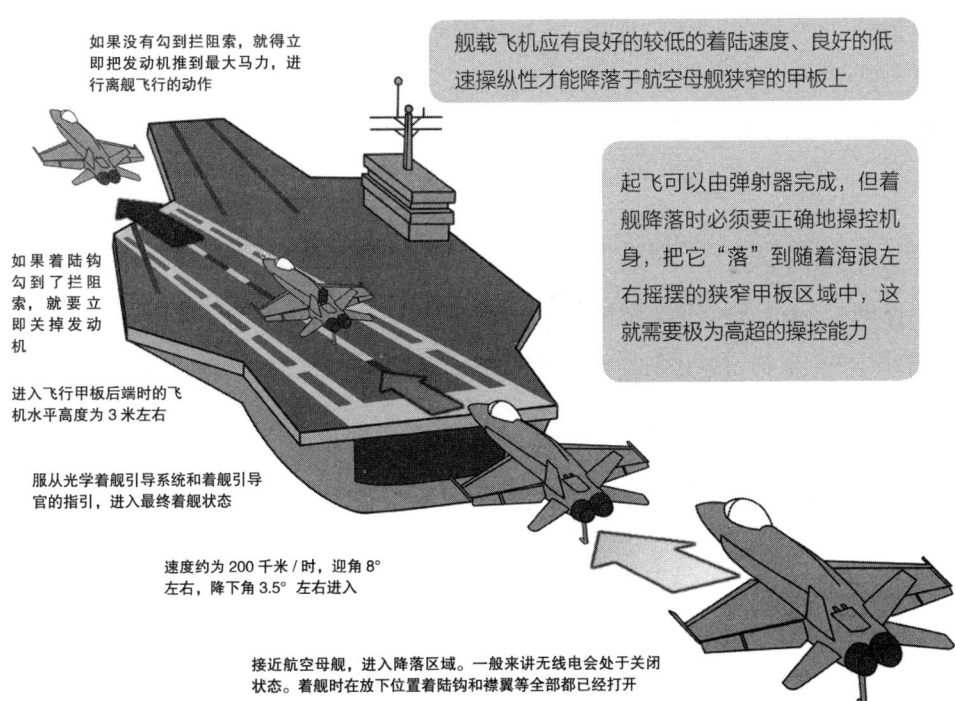

如果没有勾到拦阻索，就得立即把发动机推到最大马力，进行离舰飞行的动作

舰载飞机应有良好的较低的着陆速度、良好的低速操纵性才能降落于航空母舰狭窄的甲板上

如果着陆钩勾到了拦阻索，就要立即关掉发动机

起飞可以由弹射器完成，但着舰降落时必须要正确地操控机身，把它"落"到随着海浪左右摇摆的狭窄甲板区域中，这就需要极为高超的操控能力

进入飞行甲板后端时的飞机水平高度为3米左右

服从光学着舰引导系统和着舰引导官的指引，进入最终着舰状态

速度约为200千米/时，迎角8°左右，降下角3.5°左右进入

接近航空母舰，进入降落区域。一般来讲无线电会处于关闭状态。着舰时在放下位置着陆钩和襟翼等全部都已经打开

45

22 航空母舰

> 航空母舰在一战中就已经出现。经过一个世纪的发展，航空母舰的意义更为重要，它被视作一个国家综合国力和海军实力的象征。

美国独占鳌头

世界上第一艘航空母舰是在1918年5月完工的，同年9月正式编入英国皇家海军的"百眼巨人"号（Argus），它拥有一条前后贯通舰体的飞行甲板。后来，在二战中，航空母舰在太平洋战场上起到了决定性作用，日本海军航空母舰编队偷袭美国珍珠港后，两国正式开战，双方舰队先后发生了珊瑚海海战、中途岛海战，宣告了"大炮巨舰"时代的终结，从此航空母舰取代战列舰，成为现代远洋舰队的主力。美国在二战时建造了大批"埃塞克斯"级航空母舰，组成庞大的航空母舰编队，有效地打击了协约国的海军力量。如今，美国已经拥有11艘核动力航空母舰，可以说，美国海军是目前世界海军中实力最为强大的。

一般来说，航空母舰主要有以下类型：按担负的任务划分，可分为攻击航母、反潜航母、护航航母和多用途航母；按舰载飞机种类划分，可分为固定翼飞机航母和直升机航母；按吨位划分，可分为大型航母、中型航母和小型航母；按动力划分，可分为常规动力航母和核动力航母。现今拥有航空母舰的国家为美国、英国、法国、俄罗斯、阿根廷、意大利、西班牙、巴西、印度、泰国以及中国。

航空母舰的构造

现代大型航空母舰的飞行甲板都是采用斜角甲板（Angled Deck）。斜角甲板分为两部分，前半部直甲板为起飞区，后半部斜角甲板为着舰区，斜直相交处形成三角形停机区。飞行甲板下方设是机库甲板（Hangar Deck），可对舰载飞机进行修理、维护等作业。

舰载飞机是航空母舰的主要攻击型武器，其性能的优劣直接影响到航母的战斗能力。如现代美国航空母舰上面搭载了由战斗攻击机中队、电子攻击机中队、早期预警机中队、反潜直升机中队、航空母舰运输机中队等组成的舰载飞机联队。现代航母除了有舰载飞机等攻击型武器外，还安装了主动、被动防御性武器，近程防御武器系统以及电子战系统等。

现代航空母舰

大型航母

配备固定翼、可变翼舰载飞机，装有弹射器和着舰系统

拥有国：美国（10万吨级核动力航母11艘）　俄罗斯（6.7万吨滑跳式常规动力航母1艘）
法国（4万吨级核动力航母1艘）　巴西（3.3万吨常规动力航母1艘）

轻型航母

STOVL（短距起降、垂直降落）固定翼舰载飞机
为了缩短滑行距离，装有滑跳式甲板

拥有国：英国（2万吨级滑跳式常规动力航母2艘）　印度（2.8万吨级滑跳式常规动力航母1艘）
意大利（1.4万~2.7万吨级滑跳式常规动力航母2艘）
西班牙（1.7万吨级滑跳式常规动力航母1艘）　泰国（1.1吨级滑跳式常规动力航母1艘）

两栖突击舰

使用VTOL（垂直起降）机，使用大型运输直升机、攻击直升机

拥有国：美国（4万吨级12艘）以及英国、法国、意大利、西班牙等少数国家

核动力航空母舰的飞行甲板

美国海军核动力航空母舰
CVN-72"亚伯拉罕·林肯"号（Abraham Lincoln）1989年服役

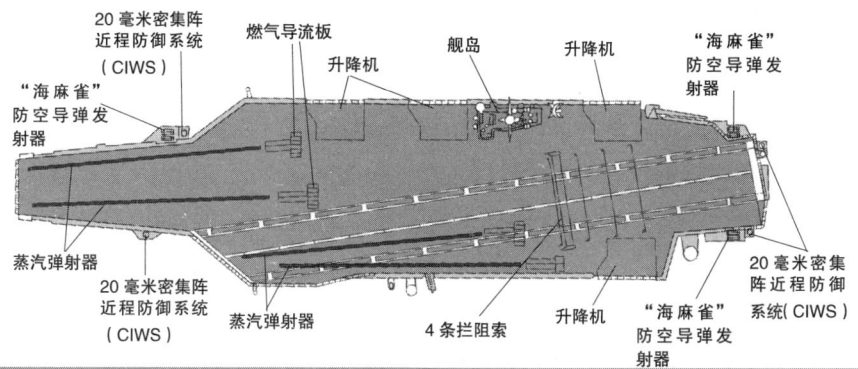

满载排水量10.2万吨　舰员3200名　全长332.1米　航空人员2870名　飞行甲板宽78.3米　搭载飞机数量86架　速度30节

美国航空母舰空联队（CVW）的组成

战斗攻击机中队（VFA）＝F/A-18C/D 或 F/A-18E/F×4个中队，共有60架
电子攻击机中队（VAQ）＝EA-6B×1个中队，共有4~5架
早期预警机中队（VAW）＝E-2C×1个中队，共有4~5架
反潜直升机中队（HS）＝SH-60F 或 HH-60H×1个中队，共有6~10架
航空母舰运输机中队（VRC）＝C-2A×1个中队，共有1~2架

将着舰区域往相对于船体中心线的倾斜方向设置的甲板称之为斜角飞行甲板，这不仅可以在着舰失败的时候减少和其他飞机相撞的可能性，还可以同时进行起飞和着舰

47

23 木制战斗机

> 虽然如今的飞机可以使用合金、复合材料、碳纤维等作为机身材料，但在飞机出现的早期，包括战斗机在内的所有机种都是木头制成的！

木质战斗机

德哈维兰公司的DH98"蚊"式战斗机，是二战中设计最为成功的飞机之一，由于机身不重，它的速度可以轻松超过650千米/时。首先，"蚊"式是一架全木质的飞机；其次，"蚊"式是1939年到1945年间世界双发军用飞机中用途最广泛的飞机，只有德国的Ju 88能够与之匹敌。

飞机发展史上轻金属结构取代木结构或钢管、木蒙皮混合结构的原因是轻金属结构强度更强、重量更轻，而"蚊"式采用的是一种特殊的名为"模压胶合成型木结构"木质结构。先用混凝土制造一个21英尺（1英尺约为0.3米）长的模具，然后将一种轻质木材——巴尔沙木（Balsa，和我国的泡桐类似）制成木片，涂上特殊的黏合剂后交替放置，盖上模具的盖子。此时，再向中间的橡胶气囊中充入压缩空气，待黏合剂固化后即形成一片木结构，将左右两片木结构对合，就成为木质胶合结构的机身。

德哈维兰公司深谋远虑，做出了采用全木质结构的决定，充分预见到战时英国的铝合金将出现匮乏，掌握飞机金属结构制造技术的工人也将十分短缺。而木质的飞机能够由任何技术熟练的木匠进行生产，英国的钢琴厂、橱柜厂、家具厂都能投入飞机的生产。"蚊"式飞机是英国人的骄傲，更是充满了传奇色彩的一代名机。

木质战斗机的发展历程

德国对"蚊"式战斗机恨之入骨，但是没有能够有效截击"蚊"式的飞机。为了截击"蚊"式，德国还专门模仿"蚊"式的结构，设计了全木结构的FM Ta 154来对抗"蚊"式。但是德国人对木结构本身并不在行，Ta 154在试飞中结构多次出现损坏，加上生产胶水的工厂被盟军炸毁，Ta 154未能批量生产。此外，德国的Me 410机翼外侧也采用木质，但是结果和Ta 154一样没能量产。日本由于本国资源匮乏也试图制造木质战斗机，但是由于技术原因而宣告失败。在战争期间比较活跃的苏联的波利卡波夫I-16也采用了木质机身，并且产量较多。

● 木制战斗机

一战的双翼机

在木制肋骨和木制构造材料上贴上帆布或压制木板

主流

二战的单翼机
使用硬铝合金的金属结构

部分

木制机
当作硬铝等金属材料不足时的对策
问题点
要确保黏合剂之类的强度非常困难
不耐湿度和高温（防腐、防潮）

● 最成功的木制战斗机：德哈维兰"蚊"式 FB.Mk.VI

战斗机、夜间战斗机、轰炸机、侦察机等合计生产了7800架

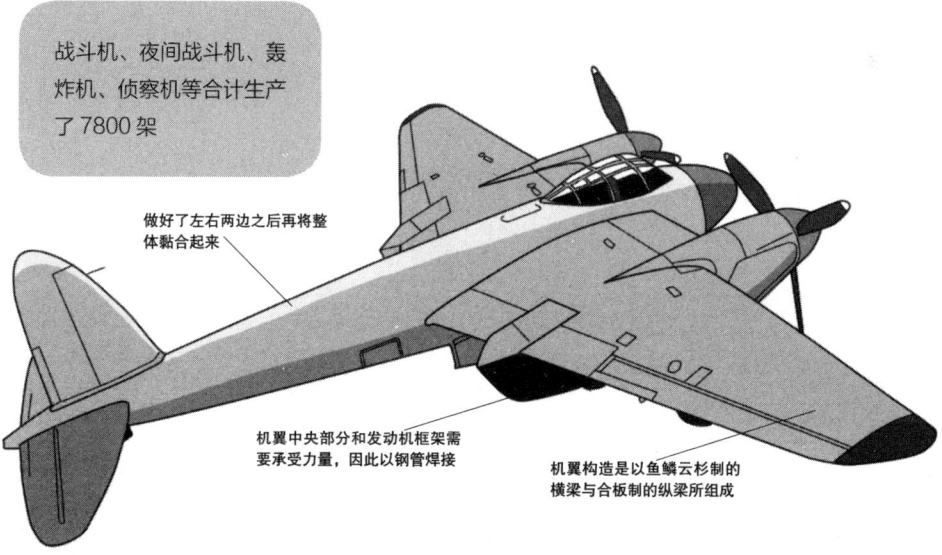

做好了左右两边之后再将整体黏合起来

机翼中央部分和发动机框架需要承受力量，因此以钢管焊接

机翼构造是以鱼鳞云杉制的横梁与合板制的纵梁所组成

"蚊"式的机翼构造

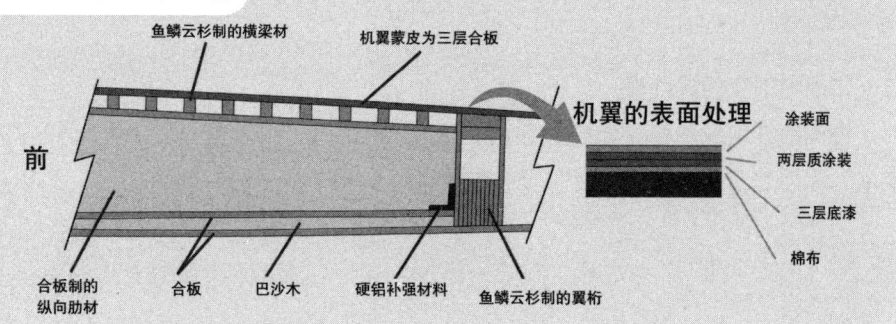

鱼鳞云杉制的横梁材　机翼蒙皮为三层合板

前

合板制的纵向肋材　合板　巴沙木　硬铝补强材料　鱼鳞云杉制的翼桁

机翼的表面处理
涂装面
两层质涂装
三层底漆
棉布

49

夜间战斗机

在二战之前，战斗机几乎只能用于白天作战，当德国使用轰炸机在夜间轰炸英国时，英国人才发现需要能够在夜间作战的战斗机。

夜间战斗机的诞生与发展

夜间战斗机的最早出现是在一战期间。当时英国部署夜间战斗机用以拦截在夜间轰炸英国城市的德国飞艇，但夜间战斗机的数量极少。

夜间战斗机的需求与发展在二战当中达到高峰，包括德国、英国、美国、日本都有专门的夜间战斗机与部队从事作战。二战结束之后，夜间战斗机的需求依旧存在，只是在雷达成为战斗机的制式装备后，夜间战斗机逐渐被全天候战斗机取代。

最早的夜间战斗机的搜索装置就是肉眼，随后，地面探照灯与照明弹也加入协助的行列。到了二战期间，也有人试图将探照灯装在飞机上，可是效果非常有限。地面雷达与探照灯加上飞行员的肉眼是机载雷达成熟前的最佳搭配。到后来，机载雷达成为夜间战斗机不可或缺的设备。

夜间战斗机的分类

第一类是将在白天执行任务的战斗机直接使用在夜间的任务上。这种战斗机的效果最差，同时比较容易在起飞与降落的过程当中发生意外（就是德国所谓的"野猪"战术）。第二类是将昼间战斗机或者是其他机种加以改装，配合特殊的设备（加装雷达等），执行夜间作战任务。这一类的夜间战斗机是最为常见的，改装的来源包括双发战斗机、单发战斗机与双发轰炸机等。

还有一类是从设计开始就是作为夜间战斗机的机种。这一类的设计比较少见。

二战中的夜间战斗机

夜间战斗机的机型还是比较多的，主要有德国 Bf 110G 4、He 219 "枭"；日本的 Ki-45 "屠龙"；英国 "蚊" 式以及美国的 P-61 "黑寡妇" 等。

● 夜间战斗机

亨克尔 He 219A-2

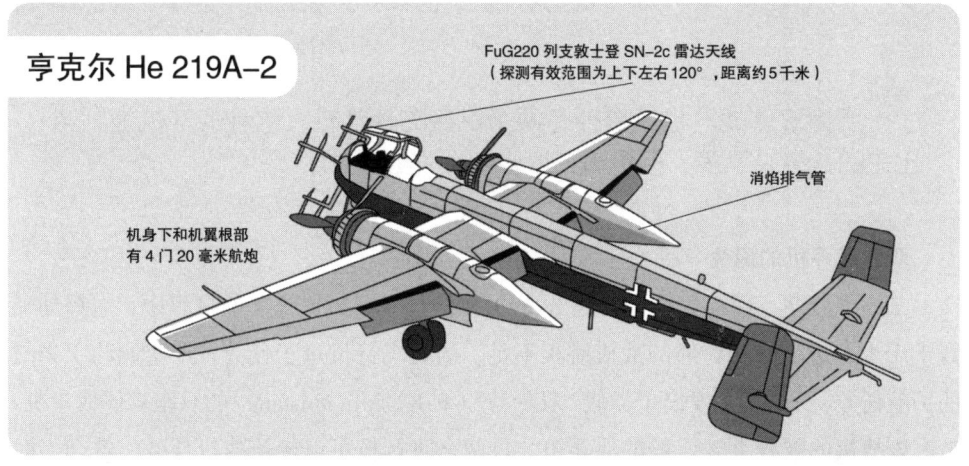

FuG220 列支敦士登 SN-2c 雷达天线
（探测有效范围为上下左右120°，距离约5千米）

消焰排气管

机身下和机翼根部有4门20毫米航炮

诺斯罗普 P-61B

SCR-720 雷达天线罩

4个12.7毫米旋转枪座

机身下4门20毫米航炮

针对B-29专用的夜间战斗机（中岛 J1N1-Sa "月光" 11型甲）

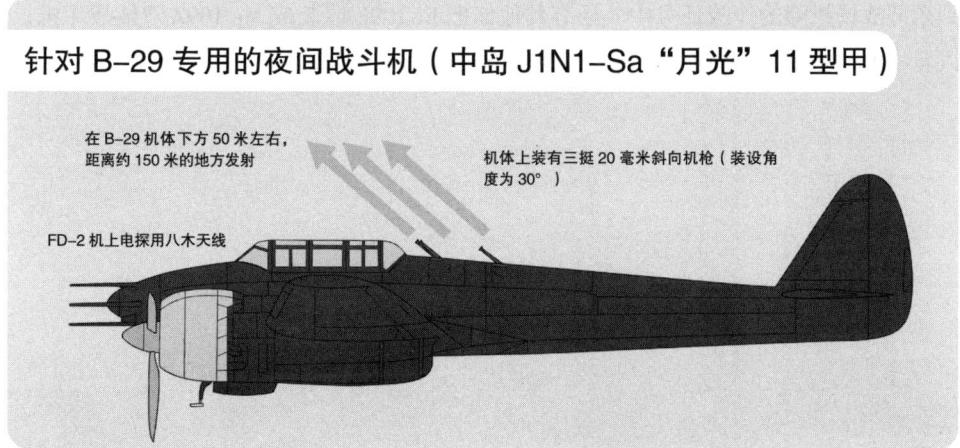

在B-29机体下方50米左右，距离约150米的地方发射

机体上装有三挺20毫米斜向机枪（装设角度为30°）

FD-2机上电探用八木天线

51

双体战斗机

所谓双体战斗机就是拥有两个机身的战斗机，这种战斗机被制造出来的数量并不多，但也曾一度吸引人们的眼球。

双体战斗机的诞生

二战中后期，远程轰炸机（如 B-29）在执行战略轰炸任务的过程中，航程动辄数千千米，进行伴随护航的战机航程不足，同时飞行员过于疲劳，严重制约了当时的护航任务，所以就开发出了类似"双野马"（F-82 Twin Mustang）的双座双体战斗机。

该战机的航程大于一般的战斗机，且两名飞行员可以轮流执行任务，符合当时的任务需要。并且两机机身刚性连接，飞行特性与原来的"野马"战机（P-51）类似，机身不必大改，只是拉长了一米多一点，设计风险降低，设计、生产周期明显缩短，可以提前形成战斗力。虽然续航能力增强了，但是机动性却受到了影响，所以后来就改成了夜间战斗机。

由于定型时间晚，"双野马"没能赶上二战，它最终生产了约 270 架，参加了朝鲜战争最初的几次战役，实际参战不多，于 20 世纪 50 年代中期退役。

航空史上的双体飞机

除了"双野马"之外，世界上也有其他国家研发了双体飞机。如二战中纳粹德国的 He 111Z 就是将两架 He 111 并联拼装合二为一，它装备了 5 台发动机，并投入到东部战场机降的作战任务中。还有其他如把 Bf 109E 改装成 Me 109Z 双体战斗机，以及把 Do 335 改装成 Do 635 等，但是最终没有投入战斗。

● 唯一投入实战的双体战斗机

最高速度：775 千米 / 时
最大续航航程：4200 千米
武装：6 挺 12.7 毫米机枪

左右螺旋桨的旋转方向相反，可以相互抵消所产生的阻力

位于中央的机翼和水平尾翼的新设计理念

机身是沿用自"野马"的后期型，后部被延长

主起落架的位置移动到左右机翼的根部

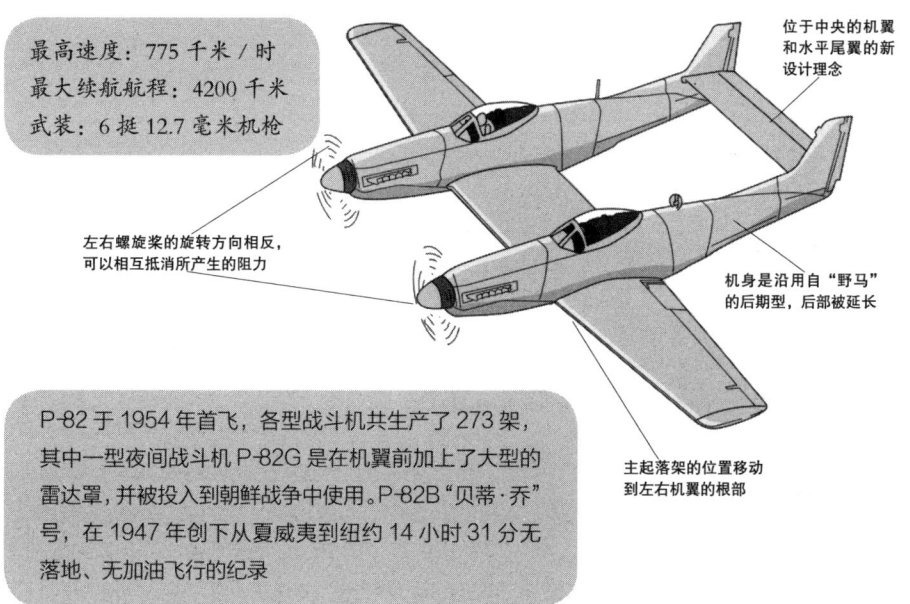

P-82 于 1954 年首飞，各型战斗机共生产了 273 架，其中一型夜间战斗机 P-82G 是在机翼前加上了大型的雷达罩，并被投入到朝鲜战争中使用。P-82B "贝蒂·乔"号，在 1947 年创下从夏威夷到纽约 14 小时 31 分无落地、无加油飞行的纪录

● 只停留在设计阶段的纳粹德国双体机（Do 635）

最高速度：720 千米 / 时
最大续航距离：7450 千米

Do 635 是将两架 Do 335 左右连在一起制成，它共有 4 台发动机，在计划中是拿来当作远距离侦察机使用

火箭动力战斗机

除了使用活塞式发动机和喷气式发动机作为动力以外，战斗机还曾采用过火箭发动机，那么这种战斗机是否像火箭一样快呢？

火箭动力战斗机的发展

其实火箭并不是什么新鲜事物，早在唐代初期火药出现后人们就开始了对火箭的研究，并且在大约公元13世纪时制成火箭。火箭发动机广泛应用于运载火箭和载人航天器。火箭发动机的燃料中既包括了燃料，又有氧化剂，它可以靠氧化剂来助燃，不需要从周围的大气层中汲取氧气，因此能够飞跃大气层。虽然从这点来说，火箭动力似乎极其优越，但是它在飞机上的应用并不算成功。

纳粹德国二战中设计生产的Me 163是唯一一款投入到实战中使用的有人驾驶的火箭动力战斗机。1941年春，改良型Me 163的两架原型机先后试飞成功。10月2日，一架样机创造了1011千米/时的速度纪录，人类制造的飞行器首次突破时速1000千米大关。Me 163的机身是采用无水平尾翼滑翔机设计，机身细小，在机头有一个连接发电机的小螺旋桨，当它飞行时，发动机会被流过机身的气流带动而转动，提供自身设备所需要的电力。Me 163使用毒性和腐蚀性很强的两种化学液体作为火箭发动机的燃料。火箭发动机推力虽大，但是持续作用时间很短，而且这两种化学剂都很危险，如互相化合的分量稍微过多都会引起大爆炸，同时产生的气体会在驾驶舱内积聚成毒气，故飞行员需全程戴上氧气面罩，除了供氧还能防止吸入有毒的甲醇气体。

Me 163刚出现在战场时，它的高速与火箭发动机产生的烟雾效果给美国轰炸机与护航的战斗机带来很大的震撼与心理压力。在速度上，当时盟军最快的战斗机即使位于最佳的位置也无法追得上高速通过编队的Me 163。但是久而久之，美军通过战场上的情报和经验发现Me 163的速度虽快，可是滞空时间很短（只有8分钟左右），爬升通过轰炸机编队之后就得俯冲脱离，以无动力滑翔返回基地降落。尤其是在降落阶段，Me 163无法进行躲闪或者是以速度避开美军战斗机的攻击。

纳粹德国最后还研制出一款名为Ba 349"蝮蛇"的垂直发射木制火箭战斗机，但是随着二战结束，它们并没有投入实战。日本也有类似的MXY-7"樱花"特别攻击机。

● 唯一实用化的火箭动力战斗机

梅塞施密特 Me 163B "彗星"

虽然 Me 163 的速度可以达到惊人的 1000 千米/时左右,不过由于火箭的燃烧时间只有 8 分钟左右,所以续航距离连 100 千米都达不到

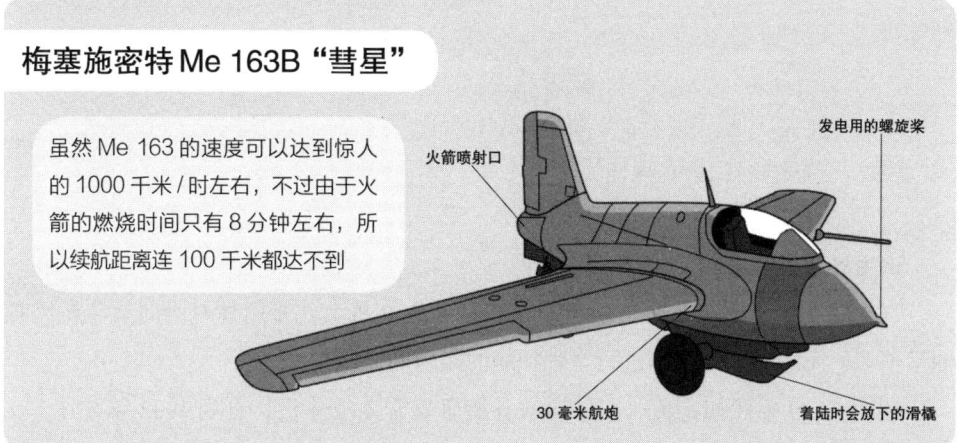

发电用的螺旋桨
火箭喷射口
30 毫米航炮
着陆时会放下的滑橇

● Me 163 的攻击方法

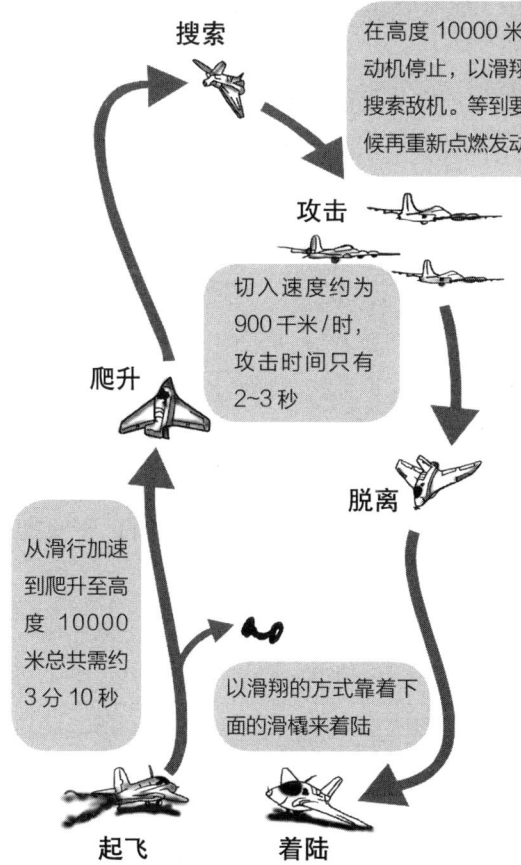

搜索

在高度 10000 米左右将发动机停止,以滑翔的方式来搜索敌机。等到要攻击的时候再重新点燃发动机

攻击

切入速度约为 900 千米/时,攻击时间只有 2~3 秒

爬升

脱离

从滑行加速到爬升至高度 10000 米总共需约 3 分 10 秒

以滑翔的方式靠着下面的滑橇来着陆

起飞　着陆

垂直起飞的木制火箭战斗机
巴赫 Ba 349 "蝮蛇"

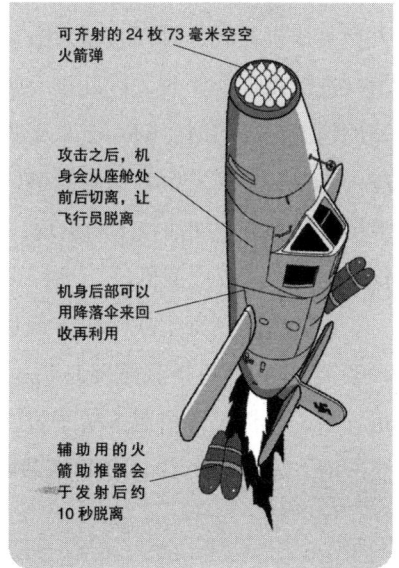

可齐射的 24 枚 73 毫米空空火箭弹

攻击之后,机身会从座舱处前后切离,让飞行员脱离

机身后部可以用降落伞来回收再利用

辅助用的火箭助推器会于发射后约 10 秒脱离

55

27 寄生战斗机

> 寄生战斗机的名称来源于它的使用方式，它需要搭载在其他飞行器上，就像寄生虫依赖寄主一样。

寄生战斗机的发展

寄生战斗机（也叫子母战斗机）是搭载在轰炸机上，专门针对当时战斗机因载油量不多，无法对轰炸机群进行全程护航的问题而研制的。

20世纪20年代初，英、美两国就开始研发寄生战斗机，直到1932年6月，寇蒂斯公司将"阿克伦"号和"梅肯"号飞艇改装成载机母艇。两艘载机母艇分别可以携带3架和4架P-12战斗机，并且还参加了一次大型海空演习，当时被称为"空中的航空母舰"。不幸的是，两艘空中飞艇航母分别于1933年、1935年坠毁，但是美国人并未放弃寄生战斗机的研制。

美军正式加入二战后，摆在美国陆军航空队面前最为棘手的问题之一就是如何为执行远程空袭任务的轰炸机群提供有效保护。当时的战斗机因为续航距离较短，所以无法对轰炸机进行全程护航。由于缺乏远程战斗机护航，轰炸机在往返途中大部分时间只能依靠本身的自卫火力抵御敌机的拦截，很容易遭到沉重打击。1944年，麦克唐纳公司研制的XF-85"恶鬼"（Goblin）寄生战斗机，它拥有蛋形的机身，由大型轰炸机挂载，可以直接对轰炸机编队提供护航。XF-85采用母机机腹下的伸缩吊杆进行投放及回收，因此没有传统的起落架，取而代之的是座舱前方的一个可伸缩的钩子。回收时，XF-85从下方接近母机，用钩子勾住吊杆，随后由母机拖入机舱内。XP-85翼尖设有钢制滑道，机身下安装了供紧急降落时使用的可收放的钢质滑橇。随着空中加油技术的出现，美国空军在1949年终止了XF-85项目，"恶鬼"仅仅生产了两架原型机。

苏联在研制寄生战斗机方面也有突破，1931年首飞的Zveno-1寄生战斗机，由一架TB-1轰炸机搭载两架I-4战斗机。苏联最为夸张的是Aviamatka-PVO寄生战斗机计划，母机可以搭载5架子机，虽然试验时大获成功，但由于技术问题，计划最终取消。苏联还在1941年将搭载两架战斗机的机型投入实战。

● 寄生战斗机

麦克唐纳 XF-85（美国 1947 年）

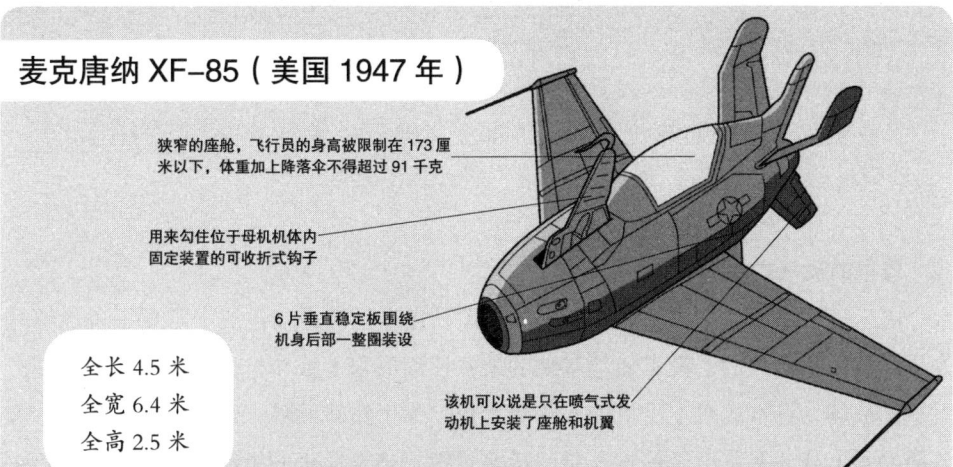

- 狭窄的座舱，飞行员的身高被限制在 173 厘米以下，体重加上降落伞不得超过 91 千克
- 用来勾住位于母机机体内固定装置的可收折式钩子
- 6 片垂直稳定板围绕机身后部一整圈装设

全长 4.5 米
全宽 6.4 米
全高 2.5 米

该机可以说是只在喷气式发动机上安装了座舱和机翼

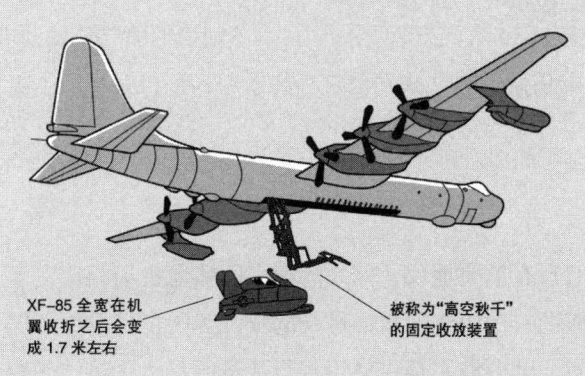

- XF-85 全宽在机翼收折之后会变成 1.7 米左右
- 被称为"高空秋千"的固定收放装置

虽然 XF-85 的母机计划要使用大型轰炸机 B-36，不过实际上在用 B-29 来做测试的时候，计划本身就已经终止了

● Tom-Tom 计划

在 B-36 的机翼端连接 RF-84F 的计划，于 20 世纪 50 年代初期进行过测试，不过随着空中加油技术的普及，让战斗机寄生在轰炸机上面的这种想法就逐渐被人淡忘了

B-36 大型远程轰炸机长 50 米、宽 70 米，安装了 6 台活塞式螺旋桨发动机和 4 台喷气式发动机，可以挂载 40 吨炸弹，飞行 8000 千米左右

水上喷气式战斗机

在航空母舰大量使用之前,水上飞机曾经是海军航空队的主要作战机种,在二战中,水上飞机有了进一步的发展。

最早的喷气式水上战斗机

由于日本海军在20世纪40年代初就预计在今后的进攻作战中需要一种能够在太平洋战区新占领的、没有陆地基地的地区使用的水上战斗机,所以在二战初期的太平洋战场,日本的水上飞机处于优势地位。为了扭转颓势,盟军也效仿日本,准备研发水上战斗机。由于传统安装的活塞式螺旋桨发动机的机动性能不强,所以一款安装了当时先进的喷气式发动机的水上战斗机应运而生,它就是英国的SR.A/1单座水上喷气式飞机,原型机全长超过15米,装备两台推力为1.5吨力的喷气式发动机,于1947年2月试飞。由于性能与传统的喷气式发动机存在差距,该机只生产了3架用于验证。

最早的超声速水上战斗机

水上飞机在飞机的发展史上占有重要地位。因为同固定的陆地机场相比,水上飞机通常装有浮筒,可以在任何港口和码头的水面进行起降。美国正是看中了这一优点,直到二战和以后一段时间,美国海军都在使用相当数量的水上飞机,如在越南战争中就大量使用了P5M"马丁"(Martin)水上飞机进行海岸巡逻。

苏联原子弹出现后,美国海军提出了这样的一个设想:假如双方爆发核大战,自己的航母及陆上基地全部被摧毁,这时就需要一种平时可以放在坚固掩体内,不需要跑道即可升空作战的水上喷气式战斗机。根据这一要求,1953年4月,由康维尔公司设计的XF2Y"海标枪"(Sea Dart)超声速水上战斗机进行了首飞,它在测试时俯冲速度超过马赫数1,是世界上第一种超过声速的水上飞机。该机机身采用三角翼设计,使用名为"水橇"(Hydro-ski)的收放式滑橇取代了传统的浮筒。但是在1954年11月的公开测试时,该机出现空中解体造成机毁人亡的事故之后,所有"海标枪"飞行试验项目全部暂停,由于这时美国海军航母上的战斗机已经实现"喷气化",所以"海标枪"计划于1957年被终止。

● 世界最早的水上喷气式战斗机

桑德斯·罗 SR.A/1

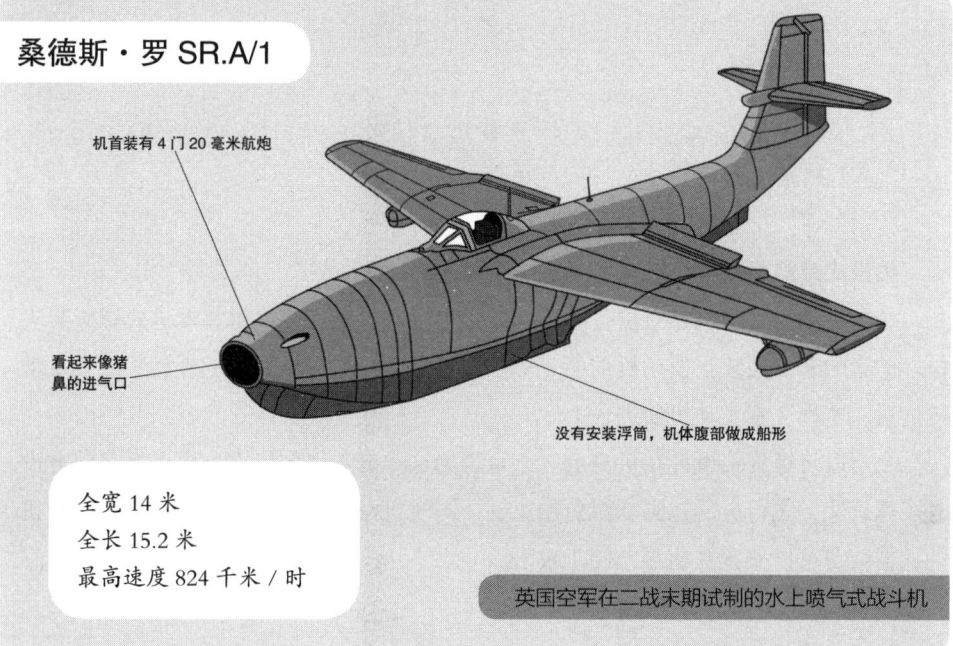

机首装有4门20毫米航炮

看起来像猪鼻的进气口

没有安装浮筒，机体腹部做成船形

全宽 14 米
全长 15.2 米
最高速度 824 千米/时

英国空军在二战末期试制的水上喷气式战斗机

● 世界最早的水上喷气式战斗机

康维尔 F2Y "海标枪"（Sea Dart）

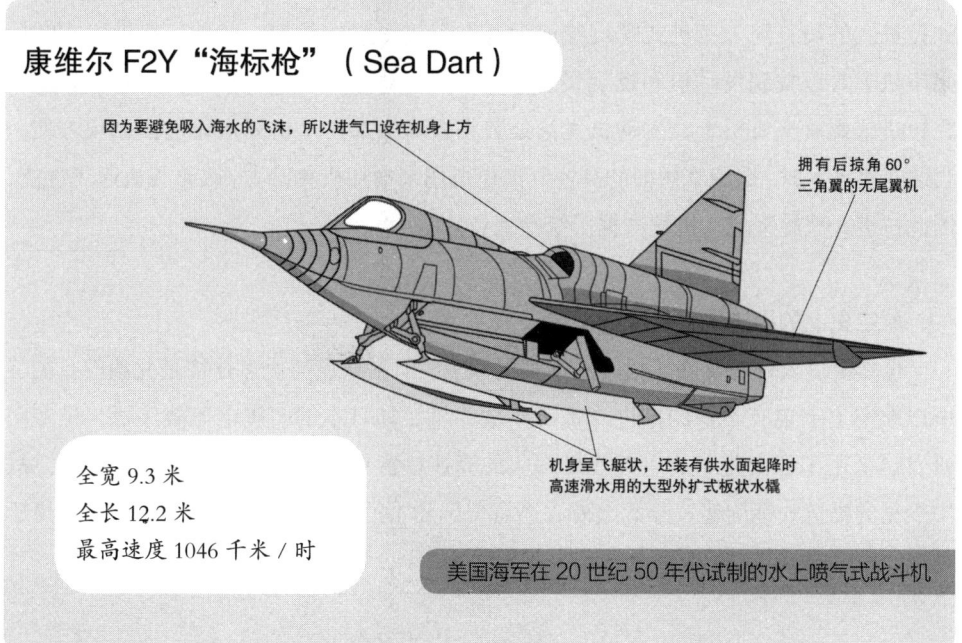

因为要避免吸入海水的飞沫，所以进气口设在机身上方

拥有后掠角60°三角翼的无尾翼机

机身呈飞艇状，还装有供水面起降时高速滑水用的大型外扩式板状水橇

全宽 9.3 米
全长 12.2 米
最高速度 1046 千米/时

美国海军在20世纪50年代试制的水上喷气式战斗机

推进式螺旋桨战斗机

> 推进式螺旋桨战斗机是活塞式战斗机的一种,与人们印象中置于机首的螺旋桨位置不同,它的螺旋桨位于尾部。

推进式螺旋桨战斗机

按螺旋桨与发动机相对位置的不同,分为拉进式螺旋桨飞机和推进式螺旋桨飞机。前者的螺旋桨装在发动机前面,"拉"着发动机前进;后者的螺旋桨装在发动机之后,"推"着发动机前进。

之所以将螺旋桨设计在机身后方,是因为这样有着许多优点。由于机身前方没有了螺旋桨,飞行员的视野变得更加宽阔。同时机身受到的空气阻力较小,战斗机的武器装备可以安置在前端,便于攻击。

推进式螺旋桨战斗机的缺点

既然推进式螺旋桨战斗机有如此多的优点,为什么大多数的飞机没有采用这种设计呢?这是由于推进式螺旋桨战斗机的缺点也较多,比如推进式螺旋桨的效率不如拉进式的高,因为拉进式螺旋桨前没有发动机短舱的阻挡。此外,在推进式螺旋桨飞机上难以找到发动机和螺旋桨的恰当位置,特别是装在机身上更困难。相反,在拉进式螺旋桨飞机上,发动机无论是装在机身头部还是机翼短舱前面都很方便。当装在机翼上时,螺旋桨后面的高速气流还可用来增加机翼升力,改善飞机起飞性能,因此拉进式螺旋桨战斗机就占据了统治地位。

航空史上的推进式螺旋桨战斗机

虽然推进式螺旋桨战斗机存在诸多的缺点,但是缺点与优点往往是此消彼长的,所以航空史上也有不少的推进式螺旋桨战斗机。如日本的"震电"战斗机,是专门研发出来用于迎击盟军的重轰炸机编队的高速拦截机,它的动力系统就是采用二战中少见的推进式螺旋桨。除此之外,还有美国陆军的XP-54、XP-55、XP-56都属于推进式螺旋桨战斗机。

● 活塞式螺旋桨飞机的发动机与螺旋桨

广泛运用的 —— 牵引式螺旋桨战斗机

发动机与螺旋桨安装在机身的前部，机身因为螺旋桨的作用而被往前牵引

早期比较多的 —— 推进式螺旋桨战斗机

发动机与螺旋桨都安装在机身的后方，机身因为螺旋桨的作用而被往前推送

优点：
可以减少空气阻力
前方视界较为良好
螺旋桨的尾流不会造成机翼的阻碍
武装可以集中于机体的前方中央部位

缺点：
螺旋桨容易因撞到异物而受损
跟牵引式相比，机体的稳定性较差
迫降的时候有可能会被发动机压到
空中逃生时有可能会被卷入螺旋桨中

● 二战时日本海军试制的推进式战斗机

日本用于对付盟军轰炸机的"震电"战斗机

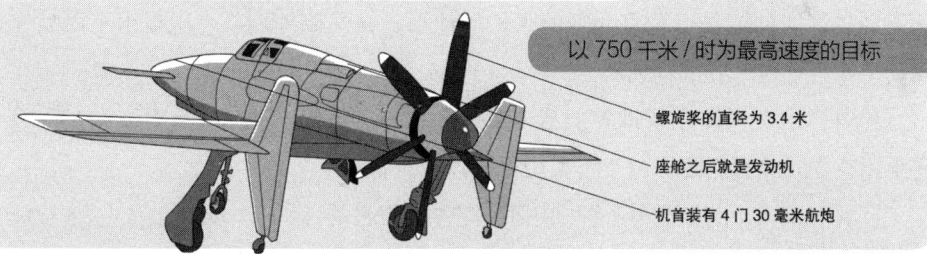

以 750 千米／时为最高速度的目标
螺旋桨的直径为 3.4 米
座舱之后就是发动机
机首装有 4 门 30 毫米航炮

美国陆军在二战中研制的 XP-54 战斗机

十字形尾翼
戴姆勒－奔驰 DB603 发动机（1800 马力）
前后都有螺旋桨的飞机
机首上有两门 20 毫米航炮
螺旋桨的转轴内有 30 毫米航炮
首飞在 1943 年，最高速度达到了 785 千米／时

61

30 垂直起降战斗机

> 虽然垂直起降（VTOL）战斗机已经不是一个新概念，但是在过去几十年中，实际投入使用的垂直起降战斗机并不多。

垂直起降战斗机的诞生和发展

虽然垂直起降对于旋翼式直升机来说早已不是问题，但是对于固定翼飞机来说却需要解决两个问题：第一，要使发动机产生的推力大于飞机本身的总重量；第二，要将垂直上升状态平稳地转到水平飞行状态。垂直起降（Vertical Take-off and Landing）战斗机可根据飞行方向的转换方式与起降时的机身姿势分为：直立式（Tailsitter）、矢量推力式（Vectored Thrust）、垂直推力式（Lift Engines）、倾转旋翼式（Tiltwing）等。

垂直起降的构想最早在1875年被提出来，当初的设想是由一对装有螺旋桨推进器的可旋转机翼组成的飞行器，在进行垂直起飞和降落时机翼与地面为垂直状态，依靠螺旋桨产生的升力上升与下降，当飞行器上升到空中时，机翼旋转90度，变成与普通飞机一样的方式前进。到了1881年，在俄国有人提出了需要制造由旋转机翼和发动机组成的能进行垂直起降的飞机的计划，并且该计划第一次提出了由喷气式发动机作为垂直升降的辅助动力。

1954年，美国诞生了世界上第一架垂直起降战斗机，被命名为康维尔XFY-1。它采用直立式垂直起降，由于不实用，所以未装备。

直到1966年，世界上第一种实用型垂直、短距起落飞机——英国的AV-8A"海鹞"的出现，宣告了垂直起降战斗机真正进入实用化阶段。"海鹞"垂直起降战斗机是一种亚声速单座单发垂直、短距起落战斗机，由英国的霍克飞机公司和布里斯托尔航空发动机公司共同研制，它的主要作战任务是海上巡逻、舰队防空、攻击海上目标、侦察和反潜等。除英国、美国外，还有超过10个国家使用这款战斗机及改型，并生产了大约600架。

● VTOL

Vertical Take-off and Landing（VTOL）= 垂直起降

直立式 VTOL 战斗机

康维尔 XFY

康维尔的 XFY 是采用直立式 VTOL 飞机。以垂直方式起飞，在空中转换成水平飞行状态，降落时以垂直姿势着陆。它是最早的完全 VTOL 飞机

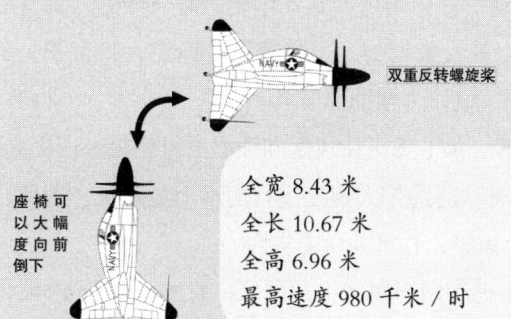

全宽 8.43 米
全长 10.67 米
全高 6.96 米
最高速度 980 千米 / 时

垂直推力式 VTOL 战斗机

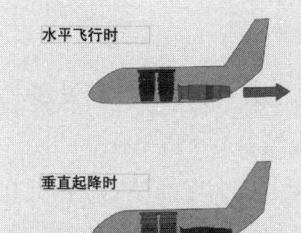

垂直起降与水平飞行使用的发动机是不同的，不管处于垂直飞行还是水平飞行状态，总有一台发动机是关闭的，所以重量效率相当差

矢量推力式 VTOL 战斗机

AV-8B "海鹞" II

水平飞行时
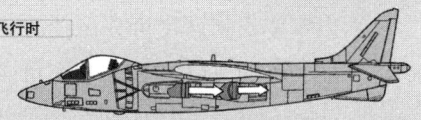

"海鹞" II 所使用的 "飞马" Mk 105 发动机推力为 9870 千克力，而 AV-8B 的自重则为 7050 千克，所以即便搭载了 2800 千克的燃料与弹药，仍然可以进行垂直起飞（图中省略了机翼）

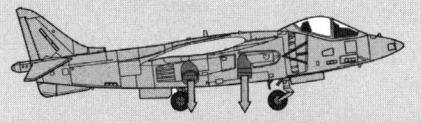

"飞马" 式发动机的侧面图

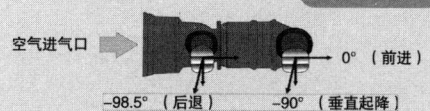

空气进气口　　　　　　0°（前进）
　　－98.5°（后退）　－90°（垂直起降）

倾转旋翼式 VTOL 机

水平飞行时
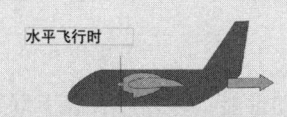

垂直起降时
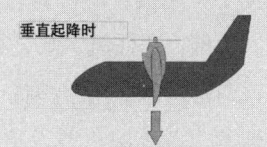

机翼可以从固定位置上整个转动，调整垂直角度到水平角度。大多是运用在螺旋桨飞机上

63

31 水上战斗机

> 水上飞机在一战时就被搭载于巡洋舰吨位以上的舰艇上担任侦察与协助舰炮射击的任务,之后也担任反潜、护航、巡逻与轰炸等任务。

水上战斗机的产生和发展

虽然水上飞机早在20世纪初就出现了,但是由于是在水面上起飞降落,机身底部必须安装大型的浮筒,因此机身阻力就大大增加,飞机速度和性能大打折扣,所以水上飞机在军事方面的应用并不广泛,仅作为辅助性工具。

20世纪20年代后,随着科技的发展,水上飞机在速度和性能上得到极大的提高,出现了像马奇MC.72这样能以709.2千米/时的惊人速度飞行的水上竞速机。因此,有人提出了将水上飞机用于军事用途的构想,并将其付诸实践。

日本是二战中唯一一个将水上战斗机运用于实战中的国家。日本海军于1940年末在南太平洋作战时,迫切需要一种在无陆上机场地区作战的飞机,于是水上战斗机开发项目得到支持。因为当时的三菱公司正忙于二战中的"零"式战斗机与一式陆基战机的改良和生产,所以海军命令当时拥有九五式水上侦察机等小型水上飞机的中岛公司进行研制。于是中岛公司就以"零"式战斗机为基础改造成为水上战斗机(A6M2-N)来应急。

但是,这仅仅是一种过渡型的飞机,日本海军要求川西飞机公司设计一种更先进的水上战斗机。于是川西公司研制出N1K1"强风"11型海军水上战斗机,为了提高机动性能,它专门安装了双重反转螺旋桨,1943年7月开始批量生产,但是它的生产速度十分缓慢,工厂每月向部队交付15架。1943年12月,日军在太平洋战场已经转入防御,"强风"水上战斗机被改装成了可在陆上机场起降的"紫电"与"紫电改"这两种型号,用于担负空中截击任务,总共生产了1420架。

虽然英、美等国也曾设想改装水上战斗飞机,但都处于试验阶段就束之高阁,没有投产。

● 创下速度纪录的水上飞机

马奇 MC.72（意大利 1933 年）

全宽 9.48 米
全长 8.32 米

双重反转螺旋桨

把两台 1500 马力的发动机前后串联起来的 AS6 发动机

在机身的外部均装有表面冷却器

这是专门为了水上飞机的竞速大赛史奈德杯（Schneider Trophy）而制造的，在 1934 年 10 月创下了 709.2 千米/时的惊人纪录，这一水上飞机的最高世界速度纪录到目前未被打破

● 唯一作为主要武器的水上战斗机

川西水上战斗机"强风"（日本 1942 年）

直径 1.34 米，功率为 1460 马力的大型"火星"发动机

全宽 12 米
全长 10.59 米
全高 4.75 米
最高速度 490 千米/时

试制机为双重反转螺旋桨

长达 9 米的主浮起筒

衍生型战斗机

> 衍生型战斗机是那些并没有专门开发，而是在已有的取得了成功经验的机型上进行二次改进而成的，具有新用途的机型。

衍生型战斗机的成败

世界航空史上有很多成功的衍生型战斗机，如美国"天狐"是由洛克希德公司的T-33教练机改装而成的双座双发战术教练机。"天狐"在改装时利用T-33的机身，保留了其中70%的结构（包括中机身、机翼和起落架），使它成为性能先进的战术教练机。"天狐"曾被美国空军生产达10年之久，日本、加拿大曾进行了仿制，累计生产了5800多架，目前大约还有700架在不同国家军队中服役。

F-15战斗机具有良好的空战能力与对地攻击能力，同时加上航空技术的进步，以往对地攻击时飞机机动性能锐减的问题得到解决，因此美国空军以F-15改进衍生了战斗轰炸型F-15E。像以上两类飞机主要是充分利用了现有机型的优点而衍生出来的。另外还有美国"咆哮者"EA-18G，既是当今战斗力最强的电子干扰机，又是电子干扰能力最强的战斗机。它是美国海军在采用F/A-18F"超级大黄蜂"战斗攻击机的机身的基础上发展研制而成的。

当然，历史上也存在不少衍生失败的战斗机。如美国F-111战斗机，它原是1960年美国空军与海军联合参与设计的产物，与空军的要求不同，海军版的要求是一架能够长时间滞空的舰队防空拦截机。但是开发中的许多问题导致舰载拦截机的设计（F-111B）没有实现，最终海军版取消，海军改为进行F-14的研发。而空军则发展出战略轰炸（FB-111）与电子干扰（EF-111A）两种衍生型战斗机。

F-15战斗机的昵称是"鹰"，而衍生型F-15E则得到了"打击鹰"的名字。顾名思义，"打击鹰"标志着它具备对地面目标作战的能力，在海湾战争中F-15E也证明了它能深入打击敌方高价值目标及执行密接空中支援任务，进行空陆协同作战。

衍生型战斗机

衍生型：本身的基本设计已经很优良，可以被改进成具有其他用途的型号

战斗机 → 侦察机 / 攻击机 / 教练机

F-8 "十字军"（Crusader）衍生型

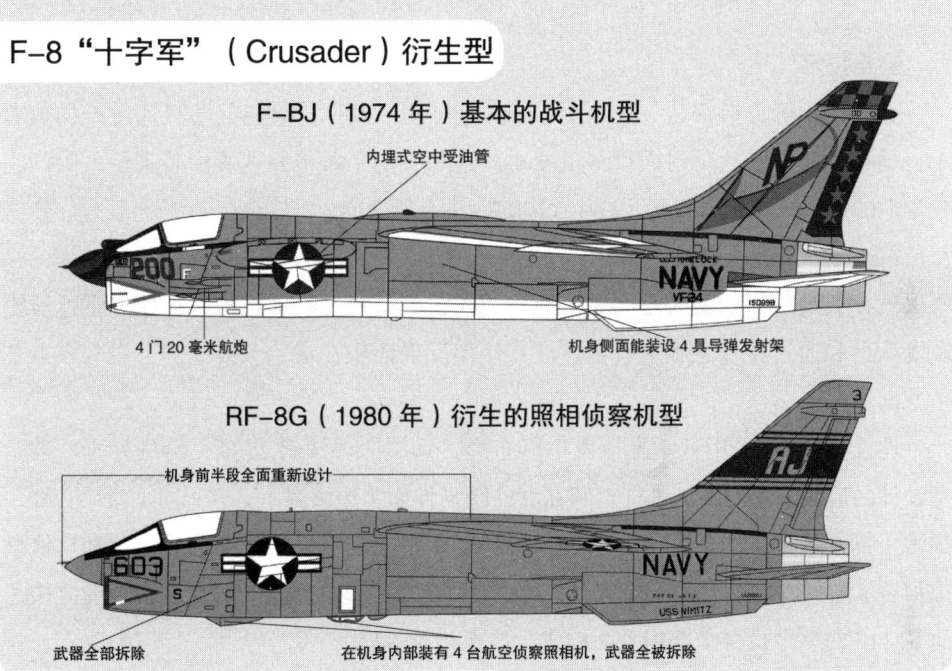

F-8J（1974年）基本的战斗机型
- 内埋式空中受油管
- 4门20毫米航炮
- 机身侧面能装设4具导弹发射架

RF-8G（1980年）衍生的照相侦察机型
- 机身前半段全面重新设计
- 武器全部拆除
- 在机身内部装有4台航空侦察照相机，武器全被拆除

EA-18G "咆哮者"（Growler）

F/A-18F "超级大黄蜂"的电子对抗型

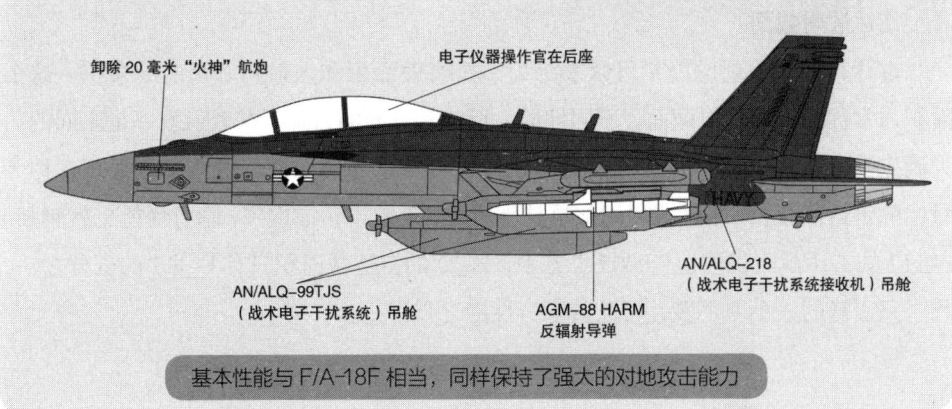

- 卸除20毫米"火神"航炮
- 电子仪器操作官在后座
- AN/ALQ-99TJS（战术电子干扰系统）吊舱
- AGM-88 HARM 反辐射导弹
- AN/ALQ-218（战术电子干扰系统接收机）吊舱

基本性能与F/A-18F相当，同样保持了强大的对地攻击能力

隐身战斗机

> 隐身战斗机被形象地喻为"空中幽灵",它们行踪诡秘,能有效地躲避雷达跟踪。

隐身技术

隐身战斗机是指雷达一般探测不到的战斗机。其原理是指战斗机通过结构或者涂料的技术使得雷达反射面积尽量变小,这和我们平常依靠迷彩涂装来使人眼产生视觉上的认知困难的低视角(Low-Visibility)有所不同。

雷达是靠发射电磁波然后检测反射回来的信号,再通过信号的放大进行工作的,所以就存在反射面积的大小问题。隐身战斗机则是通过特殊结构设计使得雷达波出现漫反射和通过特殊涂料吸收雷达波,使得反射面积在雷达天线检测下只有零点几平方米。

现役的F-22采用双垂尾双发单座布局,垂尾向外倾斜27度,恰好处于一般隐身设计的边缘。它的两侧进气口装在翼前缘延伸面(边条翼)下方,同尾喷口一样,都做了抑制红外辐射的隐身性设计,机翼和水平安定面采用相同的后掠角和后缘前掠角,水泡型座舱盖突出于前机身上部,全部武器都隐蔽地挂在4个内部弹舱之中。而F-117的整个机身全部用平面构成,技术相对落后。

F-22机身蒙皮全都是高强度、耐高温的BMI复合材料。相比之下,F-117只是在机身表面涂上可以吸收电波的材质(RAM),而且这种材质的修补非常麻烦。

雷达散射截面

雷达目标和散射的能量可以表示为一个有效面积和入射功率密度的乘积。这个面积通常称为雷达散射截面。不同性质、形状和分布的目标,其散射效率是不同的。为确定这一效率,我们把有效散射面积等效为一个各向同性反射体的截面积,称为目标的雷达截面积。雷达截面积如果越小,就越难被雷达捕捉到,隐身性能也就越强。F-117的雷达截面积约为0.0005平方米,F-22的雷达截面积只有F-117的五分之一,和一只蜜蜂的大小差不多,可见其隐身性能之强。

● 隐身的概念

| 概念： | 让雷达与探测器难以捕捉 | **方法** ➔ | 使雷达波（电波）发生漫反射
将雷达波（电波）吸收 |

世界航空史上第一架隐身战斗机——F-117

全宽 13.2 米
全长 20 米
重量 23.8 吨
最高速度马赫数 0.9

1981 年试飞成功
1988 年首次公开面世
1991 年以来参加了入侵巴拿马、海湾战争、科索沃战争、阿富汗战争、伊拉克战争等多次实战行动，战果显著
2008 年退役

为了使雷达波反射逸散，机体全部由平面构成

进气口用网子遮盖起来

● 雷达截面积

隐身性可以用雷达截面积的大小来测量，雷达截面积越小就越难被雷达捕捉到

F-15 的雷达截面积大约为 6 平方米
F-22 的雷达截面积大约为 0.0001 平方米
如果说 F-15 的雷达截面积和一张纸的面积（约为 12 厘米 ×18 厘米）一样的话，F-22 的雷达截面积大概连本页中一个字的大小都不到

34　超声速飞行

当战斗机在天空飞行的时候，往往会传来类似爆破的声音，这就是战斗机突破声速时发出的。

声速

由于声音的传播速度会因为空气密度的不同而发生改变，所以即使在接近地表时的时速是1225千米/时，在密度与气温都比较低的11千米高度的情况下，它的速度也会变成1063千米/时左右。也就是说，在靠近地表时如果速度没有达到1225千米/时以上，是无法超越声速的，但是在11千米的高度时，速度达到1063千米/时就能超越声速。通常把在气温为15℃的海平面上、约340米/秒的速度叫作马赫数1。

声障

因为机翼的特殊设计，机翼上方的空气的流速会比飞机本身的飞行速度还要快，所以在飞行速度超过马赫数0.8时，这部分的空气流速就会超越声速，并产生冲击波。冲击波会扰乱空气的流动并剥夺机翼的升力、引起剧烈的震动，使操纵变得很困难。这种现象叫作"声障"。在早期的喷气式飞机上，曾经就发生过由于机身进入微角度俯冲飞行而无法改正飞行姿势，导致飞机飞行速度超过了声速，并在空中解体的事故。现代飞机则由于采用了轻薄且强韧的机翼构造或是采用超声速飞行的翼平面设计以及配备高性能的发动机等原因，使得超越声障飞行成为一种可能。

在飞机的飞行速度超越声速之后，就会在前端部分与后方部分（机翼后侧）两个地方产生冲击波。此时，因为流经机身全部的空气都超声速，所以飞行也会变得很平稳。

在航空展当中，我们经常可看到飞行中的战斗机会在机身中央位置四周产生出圆锥形的气状物，那是在超声速域中有部分的空气被压缩后凝结成的水蒸气。但是这并不代表机身本身已经超越声速，当然这种现象也不是突破声障的瞬间。

● 马赫的概念

声音的传播 —— 传播速度会因为气温与空气密度（高度）产生很大的变化

马赫 在海平面上，气温15℃时的秒速约340米，相当于时速约1225千米

● 声障

马赫数0.7　　次声速域

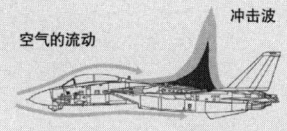

机翼上面等处的空气流速比较快，使得其会局部超越声速，并产生冲击波

马赫数0.8　　穿声速域

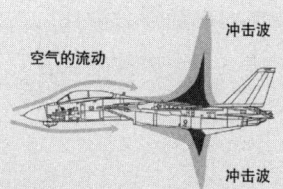

机身上下都会发生冲击波。机身各部的空气流动会絮乱，甚至会对机身的稳定性产生负面影响。在这个速度域中，还可能会看见伞状水蒸气

马赫数0.9　　穿声速域

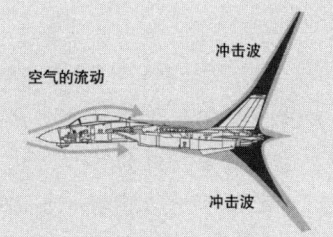

冲击波集中在机身的后段，机身表面的空气流速几乎要与声速相等。因为操作舵面全部都进入冲击波之中，所以操纵性会明显降低

马赫数1以上　　超声速域

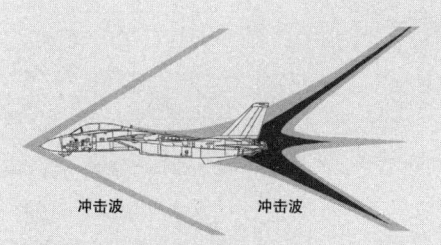

在机翼前缘与机身前端会产生第二冲击波，流经机身的空气本身就是超声速，所以飞行也会变得稳定

35 超声速巡航

虽然目前世界上许多战斗机都具备了超声速飞行能力，但其超声速飞行并不能持续，而超声速巡航则是指能长时间进行超声速飞行。

最高速度和巡航速度

喷气式战斗机问世已经半个多世纪，不过其作战方式并未发生太大变化。喷气式战斗机在作战时一般都采用次声速来飞行，很少以超声速飞行。一方面是由于喷气式战斗机必须在与加力燃烧器的配合下才能达到超越声速所要求的速度，另外一方面打开加力燃烧器会消耗巨大的燃料，同时还会产生巨大的阻力。导致喷气式战斗机超声速飞行大多被限制在几十秒至几分钟之内。一般情况下，战斗机的续航速度保持在马赫数 0.8~0.9，与喷气式民航客机巡航速度差不多。

超声速巡航

随着科技的发展，20世纪80年代开始出现了不用打开加力燃烧器也能进行超声速巡航的战斗机，比如欧洲战斗机"台风"与洛克希德的F-22等。尤其是搭载两台推力重量比相当大的F-119涡轮风扇发动机（推力15.8吨力）的美国最新型F-22隐身战斗机，超声速巡航速度能达到马赫数1.7以上，在速度方面与其他战斗机相比占有绝对的优势。而使用加力燃烧器来进行长时间超声速飞行的战斗机并不多，如洛克希德的SR-71高空高速侦察机与米格-25、米格-31高空高速截击战斗机。

迄今为止，世界上仅有两种超声速客机曾经批量生产并投入商业营运中，分别为英国、法国联合研制的协和飞机，以及苏联的图-144，它们均在20世纪60年代末出现。图-144在1978年6月进行最后一次载客飞行后离开商业营运的舞台，而协和飞机在2003年11月26日进行最后一次的商业飞行。随着协和飞机的正式退役，自此世界上再没有提供商业营运的超声速客机。

● 最高速度

不使用加力燃烧器，就无法达到最高速度

以最高的速度飞行被限制在1分钟之内

马赫数2.5　　　　　　　　　　　　　　加力燃烧器

挂载副油箱与装备，最高速度约马赫数1.3

最高速度被限制在马赫数1.5以内

马赫数1.5　　　　　　　　　　　　　　加力燃烧器

点燃加力燃烧器燃料就会消耗过快

一般不开启后燃器，以马赫数0.9来飞行

马赫数0.9　　　　　　　　　　　　　　加力燃烧器

● 超声速巡航

不使用加力燃烧器也可以超声速巡航的洛克希德的F-22"猛禽"

即使不用加力燃烧器，也可以超声速巡航

马赫数1.7　　　　　　　　　　　　　　加力燃烧器

最高速度可达马赫数2.4的F-22

即使打开加力燃烧器，速度也不会相差太多

马赫数2.4　　　　　　　　　　　　　　加力燃烧器

对四代以后的新式战斗机而言，与其强调瞬间爆发的最高速度，还不如维持更长的超声速飞行时间

36 声爆

> "声爆"是物体在空气中运动的速度突破声速时产生冲击波所引起的巨大响声。

冲击波

当飞行器超声速飞过我们的上空时，为什么我们会听到两次爆炸声呢？这是由于当飞行器超声速飞行时，飞行器前方产生的波纹由于无法及时传播出去而产生了巨大阻力，我们把这种阻力叫作冲击波。冲击波不断地向机身后方传播，在传播的过程中减衰而形成声波。因而在机身前端与后方就先后产生了两次爆炸。

声爆

20世纪50年代，世人普遍认为高空飞行不会对地面造成影响。但是后来发生诸如飞行在5千米高空的飞行器将地面玻璃震碎等事件让人们否定了这种观点。这是由于不同飞行器的外形与重量不同，产生的冲击波没有衰减成声波之前就传播至地面使地面建筑物受到损害，我们把这种现象称之为声爆。

由于声爆对飞行和地面建筑都会产生很大影响，所以无论是民用飞机还是军用飞机飞行的区域都受到极大限制。如美国在20世纪60年代的超声速客机计划（SST）就因声爆问题而搁置，欧洲研发并投入民航运营的协和号（Concorde）客机就有明确规定，超声速飞行的航线只能在大西洋上空。

就算是军用飞机，平时进行的超声速飞行训练都有一定的空域限制，以降低声爆造成的损害。

● 冲击波产生的原理

次声速(马赫数0.8左右)

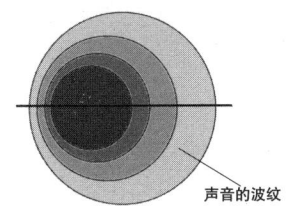

声音的波纹

穿声速(马赫数0.8~1)

前方波纹的扩散会被压缩

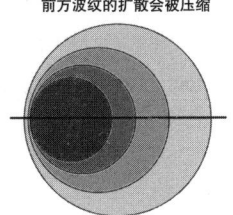

马赫数1

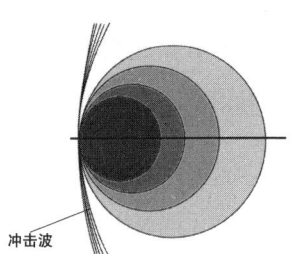

冲击波

超声速(马赫数1以上)

冲击波会在后方发生

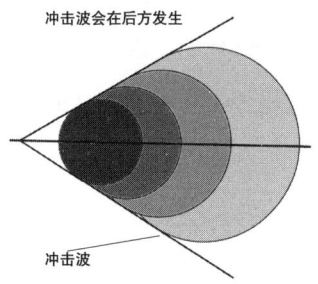

冲击波

● 冲击波产生的原理

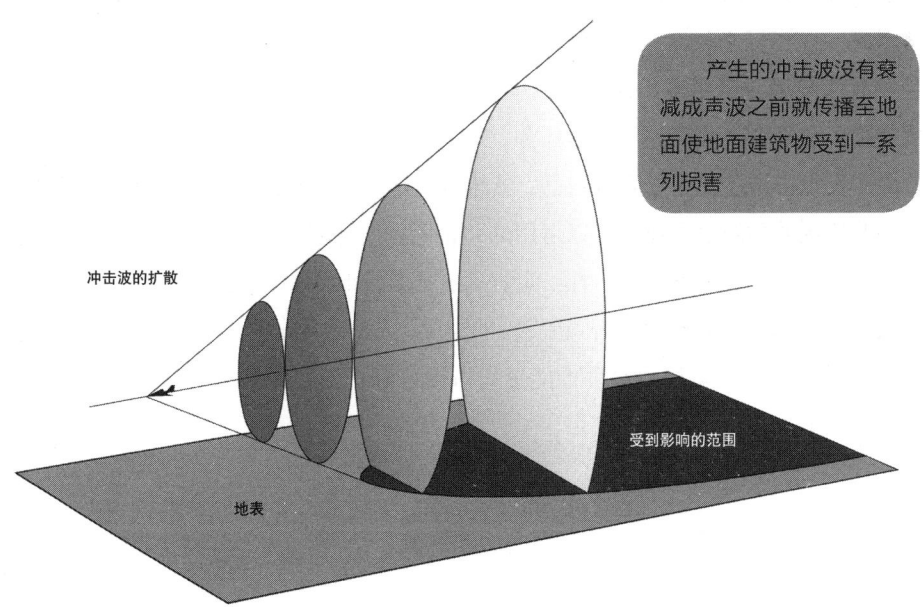

产生的冲击波没有衰减成声波之前就传播至地面使地面建筑物受到一系列损害

冲击波的扩散

受到影响的范围

地表

37 空对空作战

在对战斗机的作战中，以战斗机进行反战斗机作战是最佳的方法。战斗机之间的空对空作战又是如何进行的呢？

先发制人

俗话说，"先下手为强，后下手遭殃"，想要在空对空作战中取得胜利，一个重要的法则就是先发制人。也就是说先发现敌人，先攻击敌人，利用一切有利条件，对敌方进行致命的突然袭击。战斗中的任何一方不管是依靠目视观察还是雷达指引，只要能够提前发现对手，就会处于绝对有利的地位。在敌我数量相当的情况下，战斗机飞行员必须要注意的是：一是想办法突袭对方；二是避免被对方突袭；三是保持比对手更高的机动灵活性。总之，就是在对手没发现自己前将其消灭。

注重防御

根据资料显示，从一战开始直到现代空战，75%被击落的战斗机都是在飞行员没有发现对手，或者发现时已经来不及靠回避机动来逃避对手的攻击的境况下所导致。在没有雷达之前，飞行员由于疏于警惕、过于大意被击落的例子比比皆是。

因此，战斗机飞行时，不管是机身下方还是机身后方，飞行员都要进行防范。至少要有两架战斗机组成编队，不断变换飞行位置，相互观察对方的视线视角，保持一定距离和高度来共同完成攻击任务。

战斗机飞行员还要善于隐藏自己，虽然雷达这一类探测设备已经得到广泛使用，但是一些传统的藏匿手法还是可以运用的，如不让机身的影子落到云朵上、低空飞行、曲线飞行、保持无线电静默等，在一定程度上还是能起到不错的效果。

当然，也有在攻击前不慎被敌机发现的情况，或发动攻击时已经失去突袭的可能，那么这个时候就要看自己跟对手谁能更先占据有利位置，再近距离与敌机进行"空中拼刺刀"了。

● 空对空作战

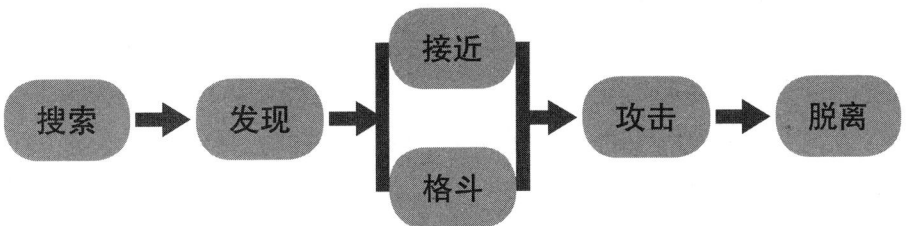

胜利的必要条件：先发制人，较强的机动性

● "6点钟方向！"（Check six!）

由于必须要时常警戒6点钟方向才行，"Check six!"就常被战斗机飞行员挂在嘴边

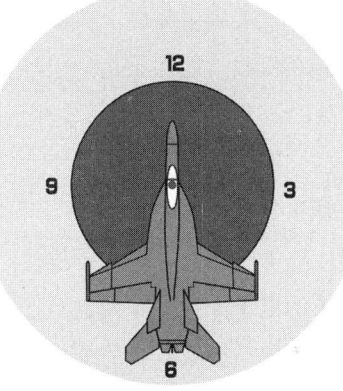

● 双机编队的基本队形

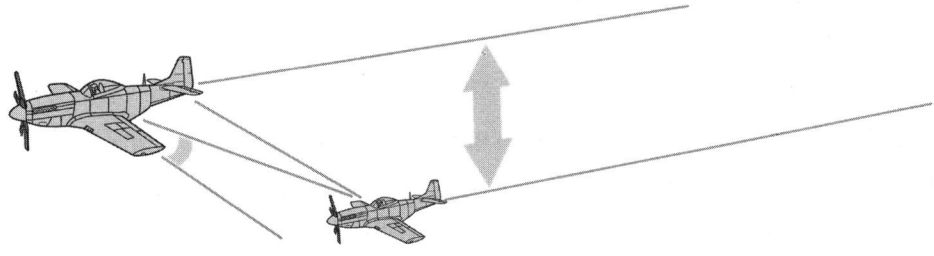

美军的基本飞行队形

两机的高度差为8米，在领队机斜后方30°的位置必须要有另外一架飞机补充。以这种基本队形为最小单位，只要继续拉开8米的高度差与两机之间的间隔距离，就可以靠两架+两架的组合扩大编队

空中缠斗

> 一旦交战双方的战斗机碰面，在一回合之间分出胜负的可能性并不大，因此往往需要多次反转战斗。

空中缠斗的基本内涵

这个名词最早被运用在空战上面，最早来源于一战中，它指的是交战双方的战斗机为了有效击落对手，近距离绕到对方尾部发动攻击的机动行为。这一过程看起来很像两条狗在互相追逐对方的尾巴。随着空战中的实际运用，到了二战，空中缠斗的战术运用发展到了巅峰。目前，虽然空战中双方战斗机的交战距离随着空空导弹的发展和在机载、地面雷达的引导下在相当远的距离就可以发现并且攻击对手，近距离交战的概率不大，但是，空中缠斗仍然是一个很重要的训练项目。

空中缠斗中的战场运用

在现代战争的环境下，电子战是一种很常见的作战模式。交战时敌方一般会先采用大规模的电子干扰用来掩盖自己真实的进攻方向及目标，在这一情况下，战场的反应时间有限，作战双方的战机很可能会直接短兵相接，空中缠斗便成为结束一场空战的最后手段。但是，空中缠斗并不是一味地死缠烂打，而是巧妙地利用自身与对手的位置、速度与高度等条件使自己处于有利地位，从而取得空中缠斗的主导权，直至击落对方。

一般而言，空中缠斗采用各种战术和飞行技巧的最终目的就是要咬住对手的"尾巴"，进入对手的"危险区"——位于机尾后方的圆锥区域发动攻击，它的作战距离可以从几十米至几千米，视其使用的攻击武器的有限射程而定（如超近距离使用航炮、近距离使用近程空空导弹等）。一般常用的有6种空中缠斗战术，如脱离回转（Break）、螺旋俯冲（Spiral Dive）、英麦曼回转（Immelmann Turn）、高速 Yo Yo（Hight Speed Yo Yo）、低速 Yo Yo（Low Speed Yo Yo）、桶滚攻击（Barrel Roll Attack）等。

● 空中缠斗

两架或者多架战斗机之间相互干扰或者威胁对方的行为以结束一场空战的最后手段

一般很少发生
尽量避免

● 利用速度、高度等，占据有利的位置（后方）

防 御 方　　　　　　　　　　进 攻 方

脱离回转

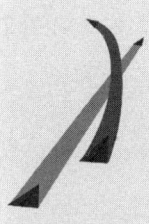

发现敌机已经进入后方危险区，即刻朝敌机方向回旋

强调的是飞机的转弯率机动性较强的一方取胜

桶滚攻击

似绕着一只假想的啤酒桶表面翻滚

进入拦截敌机的方位角，但被敌机发现，并以右回转脱离

借着爬升来降低速度，接着一边进行向左的滚转，一边向右转弯朝向敌机；机动性较强的一方取胜

螺旋俯冲

防御方一边维持较大的转弯率，一边俯冲及转弯

攻击方在转弯时会超过防御方

防御方只要在转弯途中瞬间降低速度，就可以插到攻击方的后面去

高速 Yo Yo

目的是为防止我方因为飞行速度太快，超越敌机而成为被攻击的对象，落入"反攻为守"的被动局面

利用爬升，以地心引力来降低飞行速度，防止飞过头陷入危险

英麦曼回转

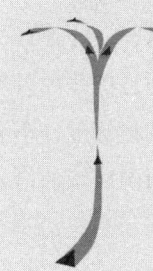

垂直爬升的同时让机身滚转，等到进入背面飞行时再度侧滚来恢复水平飞行状态

不用做出过大的转弯动作，就能控制飞机转到需要的方向

低速 Yo Yo

防御方往攻击方的前进方向进行滚转脱离

攻击方采取俯冲、滚转的方式，来使速度提高，等爬升之后再度于防御方的后方站位

39 空空导弹

空空导弹（Air to Air Missile）是从战斗机或者其他作战飞机上发射的空对空武器，既可以用作战斗机交战的武器，也可用于其他飞机的防御。

空空导弹的发展经历

世界上第一种空空导弹诞生于二战末期，是由德国研制的 X-4 空空导弹。这种空空导弹已经具备了现代空空导弹的典型特征，它能够由飞机进行发射，采用无线电指令制导方式，自动导引，并采用固体火箭发动机等。这些技术在当时无疑属于真正的高科技产品，但由于技术还不成熟且二战即告结束，此时的空空导弹还无法实用化。二战后，空空导弹技术迅速发展，并于 20 世纪 50 年代中期开始装备部队，形成第一代空空导弹家族。

空空导弹的分类

目前空空导弹按照制导方式可分为三大类：主动雷达制导、半主动雷达制导以及被动制导，其中被动制导又分成被动雷达制导和红外线制导两种。

主动雷达制导空空导弹的前鼻端部装有一具缩小的雷达天线，由于天线的尺寸和发射功率的限制，这种雷达的有效追踪距离有限，目前公开资料显示在 20 千米左右。主动雷达制导空空导弹在发射前会由发射的载具设定雷达开启的时间，如果在发射的同时雷达就已经开启，那么导弹就可以利用自己的雷达信号去追击目标，达到"发射后不管"的目的。

半主动雷达制导空空导弹的鼻端处安装有一具雷达接收天线，这个天线用于接收并追踪目标反射回来的信号，而这个信号的发射是由发射导弹的载机雷达所负责的。在导弹发射之后，寻标头会跟随反射的雷达信号，经过精算之后及时修正导弹的航向与飞行姿态，以求在导弹失去足够的推力前可以接近并引爆目标。导弹自身可以根据目标本身释放的红外线信号与周边环境间的差异，正确识别目标并加以攻击。这种被动制导方式的优点是不需要再使用其他的任何信号照射在目标上，不会惊动目标，同时也省去了其他额外的搜索装置。缺点是如果目标与周围环境的信号差异不大，目标就可能无法正确分离出来，造成制导无效。

● 空空导弹的概念

空空导弹 = 从飞行器上发射攻击空中目标的导弹

● 主动雷达制导式

主动雷达制导式

可以利用自己的雷达信号去追击目标，达到"发射后不管"的目的

发射之后导弹可以进行空中回避机动，不易被干扰弹诱爆

初期阶段会依据输入的指令来进行制导

AIM-120
全长 3.65 米
射程 50 千米

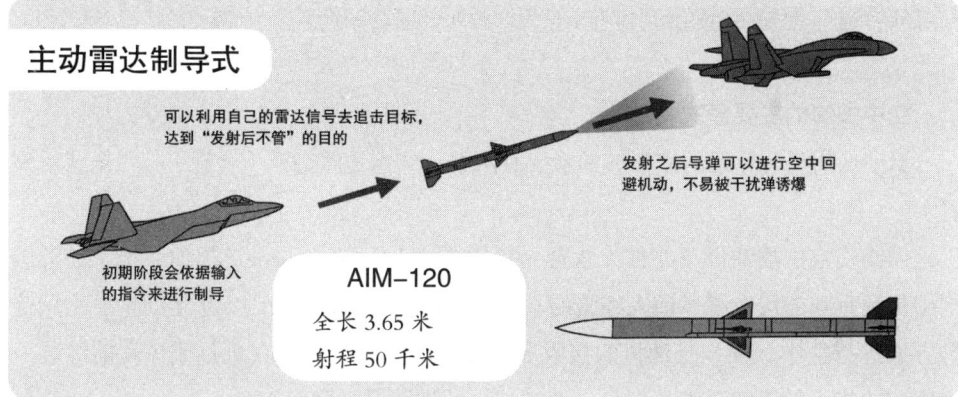

半主动雷达制导式

在导弹命中之前，需要持续以雷达波来照射目标，因此无法进行空中回避，有可能会遭到反制

在载机雷达照射出的雷达反射波的制导下进行追尾攻击

AIM-7"麻雀"
全长 3.66 米
射程 40 千米

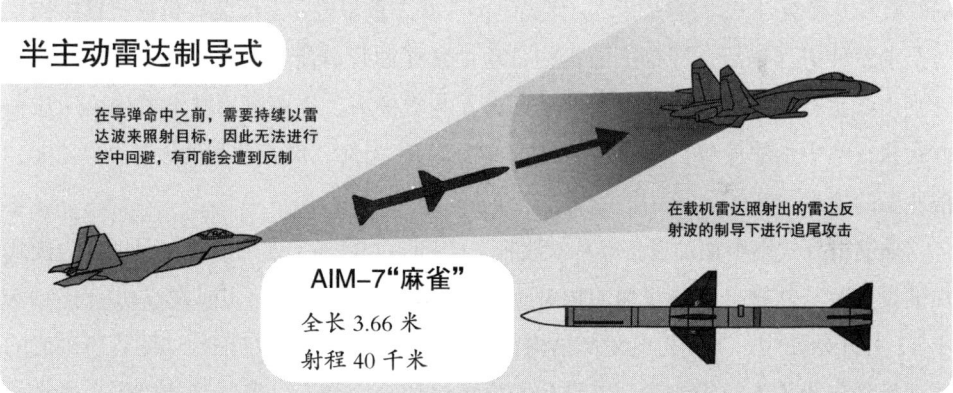

红外线制导式

导弹以目标机尾喷口产生的红外线热量为跟踪对象，进行追尾攻击

在发射之后可以马上进行空中回避机动，但是容易被干扰弹诱爆

AIM-120
全长 2.87 米
射程 18 千米

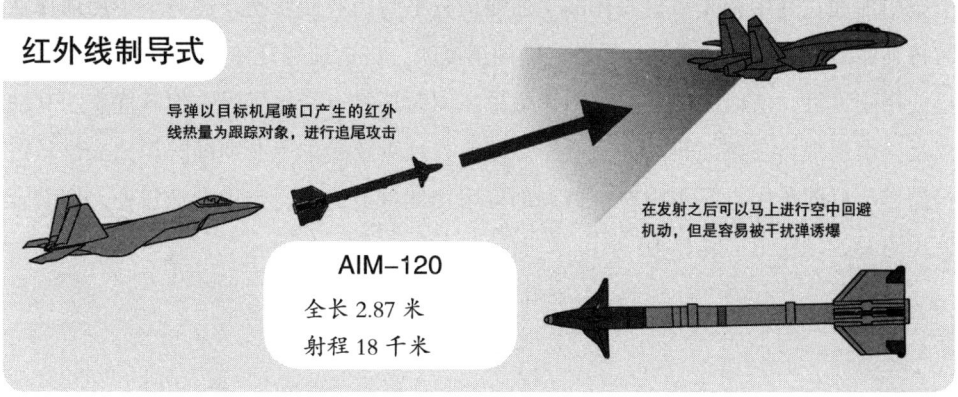

40 空中加油

> 战斗机远程作战时载油量与航程、作战性能之间有一个不可调和的矛盾，但空中加油这种中途补给很好地解决了这个矛盾。

空中加油的主要形式

目前使用最为广泛的空中加油系统有两类，分别是浮锚式（软管）与飞桁式（硬管）。

浮锚式空中加油设备亦称为软管－浮锚式（Probe & Drogue）加油系统，是英国空中加油有限公司在继承前人经验的基础上所研发出来的，于1949年问世。采用这种方式进行空中加油，受油机的接收装置非常简单，只需要在机首或机翼前缘装一根固定的或可伸缩的受油管即可。而加油机的加油设备则由绞盘、一条22~30米长的软管和一个漏斗式浮锚所组成。浮锚呈漏斗状，重量轻，上面装有机械自锁机构。当受油管伸进浮锚后，浮锚上的机构自动锁紧受油管口使之与输油软管相衔接，软管则由绞盘控制放出和回收。目前美国海军与数国海、空军军用航空器均采用这种方式执行空中加油任务，如洛马公司的S-3B、KC-130，波音公司的波音707-200，俄罗斯的伊尔-78等。

伸缩桁杆式空中加油设备亦称"飞桁"（Flying Boom）式加油装置，也称为硬式加油设备（与软管－浮锚式加油相对应），由美国波音飞机公司研发成功，于1949年12月开始使用。加油机的尾部结构装有一具由两截可伸缩的刚性伸缩管所组成的加油桁杆与操作人员控制舱，其结构与机尾结构合而为一，控制舱的操作人员在整个空中加油过程中都是趴着操作的。加油桁杆平时为收起状态，进行空中加油作业时将其伸出。采用飞桁式加油设备，输油速度快，可达到每分钟6000升左右，因为是使用刚性杆，所以对空气乱流不大敏感，同时还具有衔接操纵方便等优点。其缺点是一次只能给一架战机加油，通用性差，并且需要受过专业训练的加油操作员进行操作。目前美国空军军用航空器大部分采用此种方式执行空中加油任务，如波音公司的KC-135E/R与KC-10等。

● 空中加油的方法与优势

一边飞行一边加油 续航距离和滞空时间就可以延长,不回基地也无大碍

● 浮锚式（Probe & Drogue）

KC-130F 与 F/A-18

加油量较少,（每分钟2000升）但是却可以同时给多架飞机加油

软管与浮锚套件化,改装相对简单

要把受油机的受油探针准确地插入加油机那随风摇弋的浮锚中,对飞行员的技术要求较高

世界范围内普遍采用

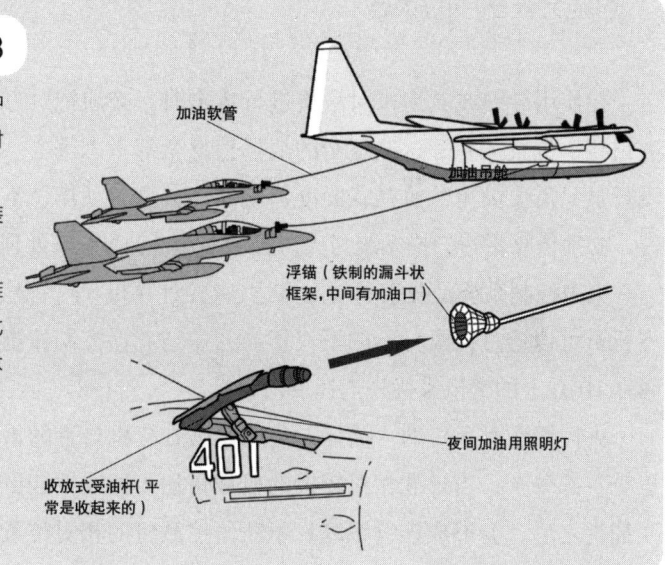

● "飞桁"（Flying Boom）式

KC-135R 与 B-2

加油速度快,加油量大,但是一次只能加一架

必须要有专用的加油机和专业的加油操作员

只有美国空军以及部分NATO国家使用

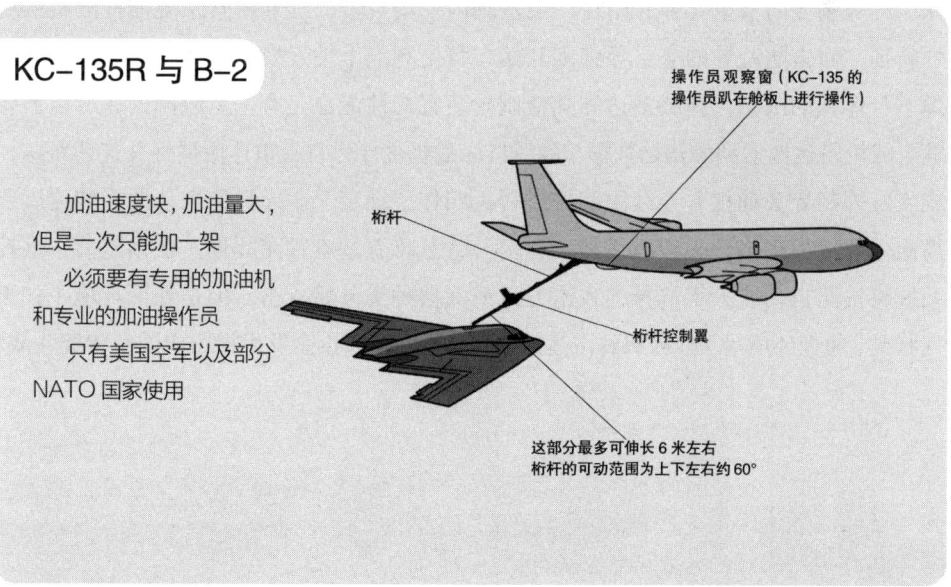

41 锁定

这里的锁定其实是指战斗机被敌方战斗机的火控雷达照射，随时可能会被击中的状态。

在使用导弹或航炮来对敌机进行攻击时，必须把对方与己方的速度、距离、前进路线、位置关系等这些复杂的战场信息全部考虑进去。虽然在活塞战斗机时代，飞行员只需要简单的机械式瞄准器就能完成这一动作，不过对现代的喷气战斗机而言，必须依靠雷达扫描系统与火力控制系统（FCS）来处理这些关键信息。

火力控制系统是搜索和攻击雷达、火控计算机、平视显示器（HUD）等设备的总称，飞行员可以透过操纵杆上的模式切换开关与武器控制按键来进行操作，并且依靠投影在HUD上的资讯来优先选择攻击目标。

火控雷达对敌机的"捕捉"是通过己方战机自带的雷达系统来完成的（靠目视也算一部分），当尺寸相对较大的机载雷达（往往性能更好）完成对敌机目标的位置捕捉之后，会形成连续跟踪，不断监控敌机的相对位置和速度，并将各种参数传递给火控系统。火控系统会在很短的时间内选择可以使用的武器，并将已经获取的目标数据传输给具体被选择的导弹；导弹发射离开战机后，自带的制导系统开始工作。红外制导的空空导弹开始在一定范围内使用自带的红外搜索系统捕捉敌机的红外特征，而雷达制导的空空导弹则开始在特定频点上搜索发射并捕捉回波，因为导弹本身体积的限制，弹载雷达和其他制导装置的性能也是有一定限制的，所以需要整合战机雷达搜索到的初始数据。最后目标敌机被导弹自身雷达所捕捉并连续跟踪，或者红外制导头捕捉并连续跟踪的过程，叫作"锁定"。导弹的机动性能和速度要高出一般战机很多，一般战机被"锁定"就意味着基本宣布死刑。在锁定后，火控系统将按照自动或人工选择的攻击方式或武器种类开始攻击。但是外部环境（如天气状况、地理环境等）会影响到雷达的锁定，所以有时也会发生视距内的空中缠斗战。

● 锁定

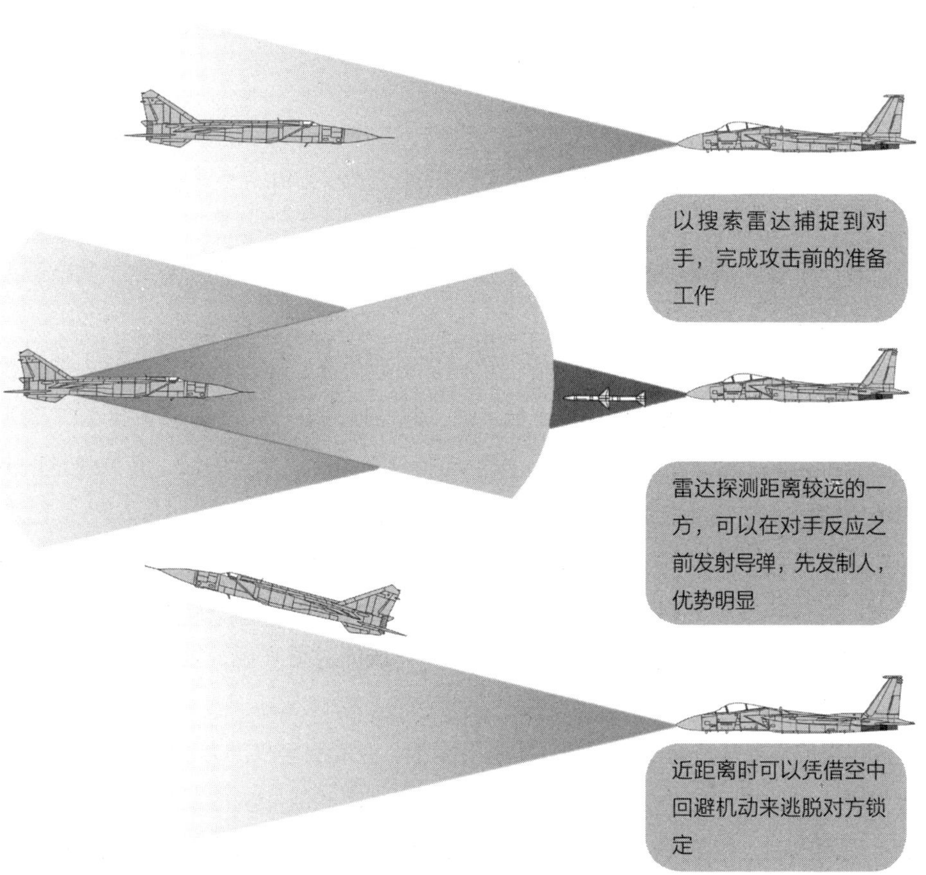

以搜索雷达捕捉到对手，完成攻击前的准备工作

雷达探测距离较远的一方，可以在对手反应之前发射导弹，先发制人，优势明显

近距离时可以凭借空中回避机动来逃脱对方锁定

● 火控系统（FCS）

雷达天线 → 目标信息 → 火力控制计算机 → 目标机动信息 → HUD → 瞄准 → **攻击**

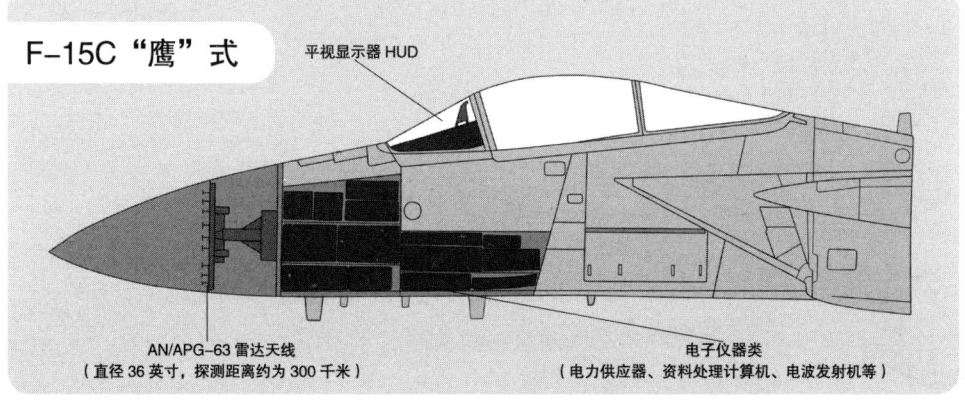

F-15C "鹰" 式

平视显示器 HUD

AN/APG-63 雷达天线
（直径 36 英寸，探测距离约为 300 千米）

电子仪器类
（电力供应器、资料处理计算机、电波发射机等）

42 战斗机的最大武器载荷量

> 战斗机既然是专门用于空战的机种,所携带的武器自然越多越好,不过考虑到战斗机的载荷量,还是需要量力而为的。

与轰炸机等其他机种相比,战斗机被赋予的使命和任务不同,导致了其搭载的武装种类和数量也不相同。

如果搭载机枪的话,由于机枪的理论循环射速较高,同样的射击时间内能够投射较多的弹头数量,因此总重量也不低。如二战时期的 P-51D 上配备 6 挺 12.7 毫米口径的机枪,设计载弹量为 1800 发,按平均每分钟 500 发来算的话,其载弹量射击时间还不到一分钟。因此要求飞行员把握战机,在一瞬间制敌。

如果搭载的是类似 20 毫米口径的 M61"火神"之类的航炮的话,其发射速度更是惊人,大约每分钟 6000 发。以 F-15 为例,其设计载弹量为 900 发左右,仅能进行十几秒的射击。不过对于空战中几乎是瞬间完成的对射来说,它还是可以发挥出十足的威力的。

战斗机的主要任务是与敌方战斗机进行空战,夺取制空权。为了满足这项目标,需要强调飞机的机动能力,速度以及火力等性能,因此战斗机的载重量就会在一定程度上受到限制,机载导弹的数量尤为有限。以 F-15C 战斗机为例,该机机身共设置 9 个载弹点。通常在机身外侧以及油箱底部装载 4 枚 AIM-7 麻雀导弹或 4 枚 AIM-120 导弹,以及机翼下侧的挂架上挂载 4 枚 AIM-9 响尾蛇导弹。大部分战斗机挂载导弹位置基本上是事先确定下来的。

载重量最大的军用飞机

苏联建造的安东诺夫安-225 运输机是迄今为止载重量最大的军用飞机,其运载能力达 250 吨。这款飞机仅建造了一架,目前归乌克兰所有。

● 搭载量

有限的弹药与炸弹

P-51D "野马" ➡ 六挺 12.7 毫米机枪,总计 1880 发

"零"式战机 52 型 ➡ 两门 20 毫米航炮与两挺 7.7 毫米机枪,总计约 1600 发

F-15C "鹰"式 ➡ 一门 20 毫米的 M-61 "火神"航炮,950 发

● 搭载位置

不同机型,挂载武器的位置也不同

F-15C "鹰"式

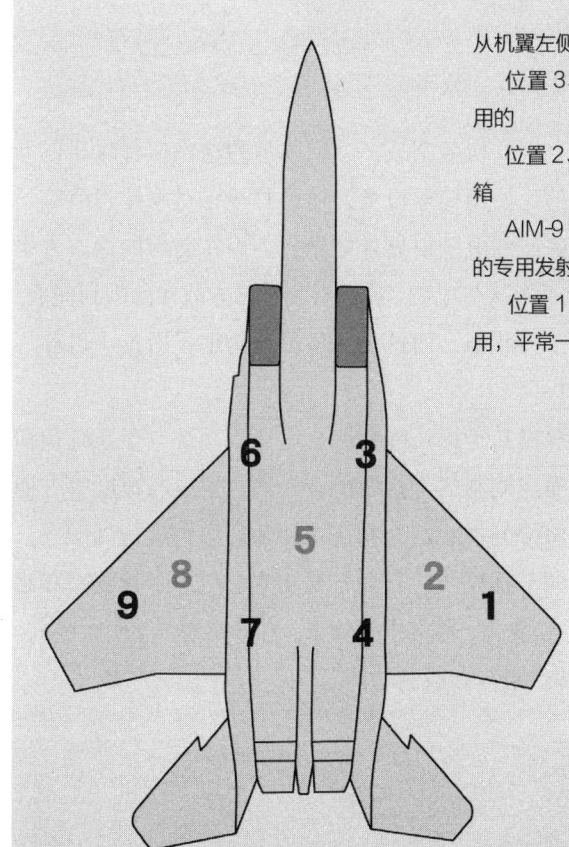

从机翼左侧开始被赋予位置编号

　　位置 3、4、6、7 是 AIM-7/120 空空导弹专用的

　　位置 2、5、8 埋有燃油管线,可以挂载副油箱

　　AIM-9 空空导弹挂在装于位置 2、8 的两侧上的专用发射架上,总共可以挂载 4 枚

　　位置 1、9 是供 ECM 电子吊舱等轻量装备使用,平常一般不会使用

各位置的最大负载量

位置 1、9 约 450 千克（各）

位置 2、8 约 2310 千克（各）

位置 5 约 2040 千克

位置 3、4、6、7 约 230 千克（各）

43 电子对抗

> 电子对抗（Electronic Counter Measures，ECM）在现代战争中尤为重要，而对于战斗机来说，赢得电子对抗的胜利就意味着距离空战胜利不远了。

电子对抗的发展历程

电子对抗是随着电子技术在军事上的应用而逐步发展起来的。二战期间，雷达的广泛应用促进了电子对抗的发展。1943年6月，英军在空袭汉堡的战斗中首次使用箔条干扰物。1944年6月，英、美军队在法国诺曼底登陆战役中，综合运用了各种电子对抗手段，对顺利登陆起到了重要作用。20世纪60年代以来，电子对抗技术，特别是机载电子干扰系统，已经成为对付高空侦察飞机和干扰防空导弹制导系统的有效战争手段。

战斗机的电子对抗设备

战斗机在从基地起飞前往战斗空域、与敌交战、返回基地的这段执行战斗任务的时间里，不管是跟基地及友机通信、使用导航设备，还是打开雷达来搜索敌踪、发射空空导弹，都必须使用产生电磁波的电子仪器才能做到，而在防御的这一方也是相同的状况。也就是说，只要能够干扰这些电波，就会有利于己方战斗的顺利完成，根据情况还可以将对手陷入无力还手的状态，而这种手段就称为电子对抗（也称为电战反制）。

现代战斗机一般装备兼有机载警戒和干扰功能的综合电子战系统，该系统包括电磁波和红外线警戒接收机，各种噪声调制的干扰源能在距离、角度与速度等方面欺骗敌方的转发器、箔条和红外诱饵弹的投放器。它按威胁的严重程度排列顺序，可以适时地投放诱饵弹，选择最佳的干扰模式，分配干扰功率，引导干扰频率和瞄准干扰方向。它同时还监视威胁信号的变化，鉴定干扰效果，自适应地调整干扰模式。自卫系统还兼有为发射反辐射导弹提供目标参数的功能。

● ECM（Electronic Counter Measures）

电子对抗　对敌方进行电子攻击，也称为 Electronic Attack；由于只需要小型发射装置就能进行，故战斗机也能做到

主动式 ECM：对雷达与通信进行干扰（发射强力的干扰电波）
被动式 ECM：散布干扰弹来欺骗敌人，发射假电波

ECM 和 ECCM 会以无线回圈的方式一直循环下去

● ECM（Electronic Counter Measures）

电子反干扰　用以对抗 ECM 的防御手段，也称为 Electronic Protection。主要在地面上采取行动

改变雷达和通信的频率
改变雷达波的振幅

电子情报搜集　指的是搜集对手的电子情报，也称为 Electronic Support。通常以大型的电子侦察专用机与情报搜集舰来执行

是电子作战的基本内容，对假想敌国的电子能力、状况等进行侦查与情报搜集

● 飞行中的战斗机

导航、搜索雷达　　　目标指示雷达　　　电子干扰吊舱
地形跟踪雷达　　　　前方监视红外线　　通信器
多普勒雷达　　　　　后方警戒雷达　　　导航用天线
　　　　　　　　　　　　　　　　　　　雷达高度计

飞行中的战斗机会安装上述这些会发出电磁波的设备，至于是否要使用这些设备，以及如何使用，在广义上也是属于 ECM 的范围，跟隐身是相反的概念

对地攻击武器

早期的空中对地攻击武器就是轰炸机携带的航空炸弹,但随着技术的发展,出现了能够精确打击地面目标的新式武器。

任务目的

战斗机实施对地攻击的目的在于破坏对方的防空系统,为后续的航空攻击做好准备。战斗机执行这类任务一般携带反辐射(雷达)导弹或者干扰设备,比如美制 AGM-88 HARM,英制 ALARM,也可以是普通空地导弹和航空炸弹,直接摧毁敌方防空雷达,使其丧失对己方空中作战平台的威胁,也可使用干扰设备造成软杀伤。

最早的对地攻击任务出现于越战时期防空压制分队的前身"野鼬鼠"中,执行这类任务的战斗机主要有 F-100、F-105、F-4,以及之后的升级版 F-105G、F-4G 等,现在美国空军则使用 F-16CJ/DJ。防空压制同作战巡逻和近距离空中支援是目前实施空中作战的主要任务方式。

武器装备

执行对地攻击任务的战斗机所携带的武器装备最常见的类似于轰炸机所投放的自由落体炸弹,这种炸弹没有推进装置,包括待战机到达指定地点上空就直接投放的通用炸弹以及加装雷达制导控制装置如"杰达姆"(JDAM)这类精确制导炸弹。另外一种就是装有推进装置的巡航导弹和航空火箭弹。巡航导弹射程远,飞行高度低,攻击突然性大,既可以攻击地面目标也可以攻击水面目标;而航空火箭弹受到飞机的体积、载弹量和速度的限制,一般弹体都比较小巧,而且发射器也呈流线型。

飞机携带的炸弹名为航空炸弹。航空炸弹最早可以追溯到热气球上携带的爆炸物,到了一战时期,利用飞机、飞艇或者是热气球施放炸弹,攻击地面目标成为一种新的发展趋势。二战期间,航空炸弹得到迅速发展,不仅仅在重量上超过人力可以投掷的大小,在外形、炸药种类和针对的目标类型上都可以见到现代空用炸弹的基本雏形。

● 对地攻击武器的种类

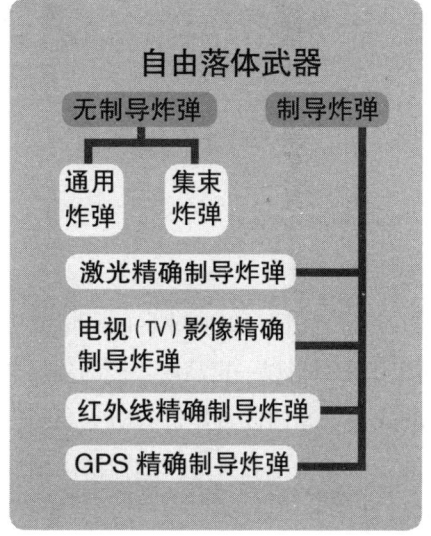

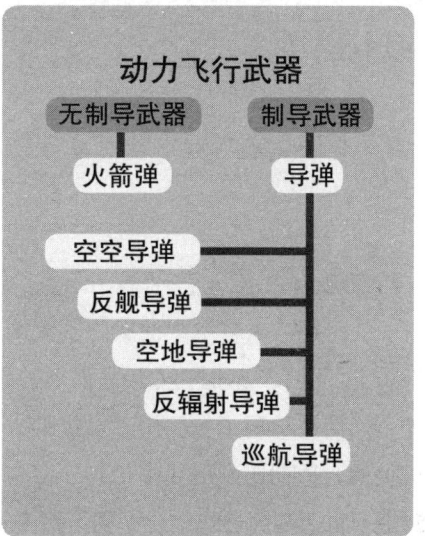

GPS 精确制导炸弹 GBU-31/B

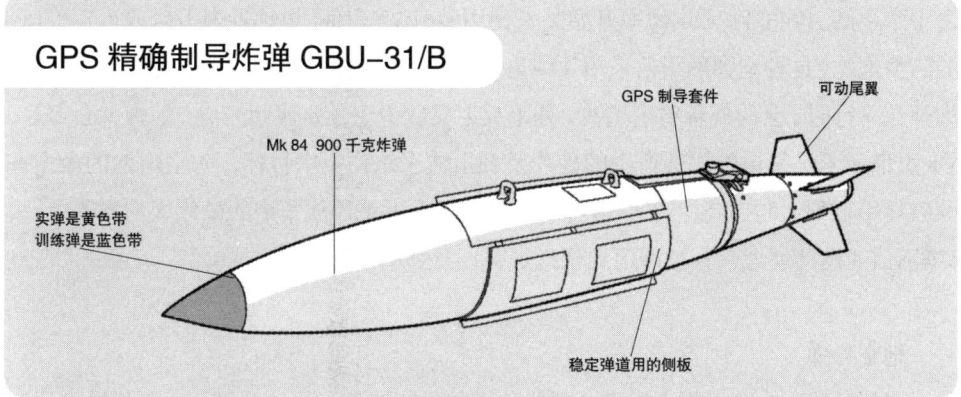

激光精确制导炸弹 GBU-27/B "铺路" III

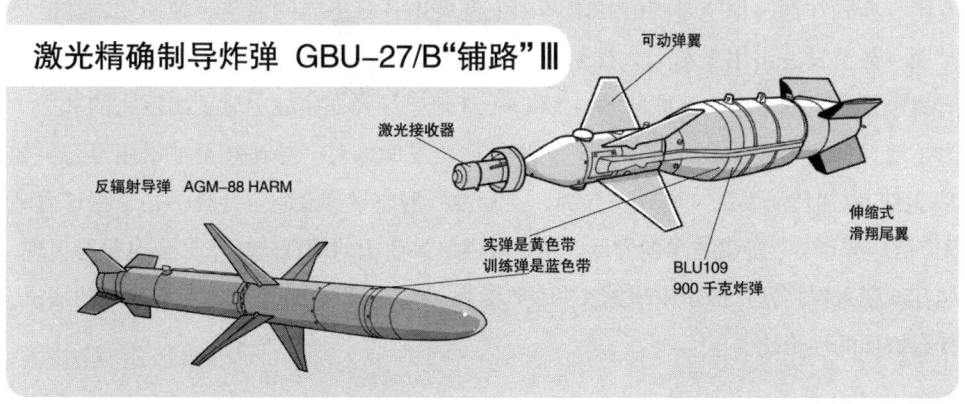

防空武器

防空武器与对地攻击武器相反，是地面用来攻击空中来袭目标的武器。

防空炮

一战时期，来自空中的威胁不太明显，当时交战各国只是将改良的野炮或机枪用于防空。到了二战时，专用高射炮被研制出来用来对付以一定高度入侵的轰炸机，另外，同期还出现了专门用于对抗低空入侵的战斗机和俯冲轰炸机的防空高射机枪与机关炮，后期还发展成多枪管、多炮管化的并联式机枪和机炮。纳粹德国则成功地将地空雷达与高射炮结合，创下诸多不俗的战果。

最初的防空炮弹是使用定时引信来设定引爆时间，由于技术原因，这种引信的命中率不高。1943年，美国海军开始装备使用装有VT引信（也称近爆引信或近发引信）的防空炮弹，这种炮弹的引信采用无线电感应的近接信管，它的工作原理其实很简单，炮弹在飞行时，会向外辐射电磁波，如果反射接收少于预定时间完成，炮弹就会爆炸，VT引信由于是靠炮弹爆炸产生的破片及冲击波来杀伤空中目标，防空炮弹的命中率及破坏率得到大幅提高。VT引信可以说是美军在太平洋战争中的最伟大的发明之一，VT引信的设计理念一直被沿用到现代炮弹、导弹的设计上。

地空导弹

二战后期，纳粹德国研制出了现代防空的主流武器——地空导弹。二战结束后，美国、苏联在德国地空导弹的技术基础上发展出各自不同的地空导弹系列，在冷战时期，甚至发展出用来消灭大批来袭的轰炸机编队的使用核弹头的地空导弹。在越南战争及中东战争中，苏联的SA-2和SA-3地空导弹在实战中显示出巨大的威力。为了对付低空入侵的敌方攻击机，一些早期研发的地对空导弹甚至被沿用至今，如20世纪60年代研发的"鹰"式导弹、"标准"舰空导弹及空空导弹的衍生型"海麻雀"舰空导弹等。随着技术的发展，一些可供单兵使用的便携式地空导弹也纷纷出现，如在苏联入侵阿富汗战争中崭露头角的"毒刺"导弹可以有效地对付低空巡弋的战机，具有极佳的性价比。

防空武器的射程范围

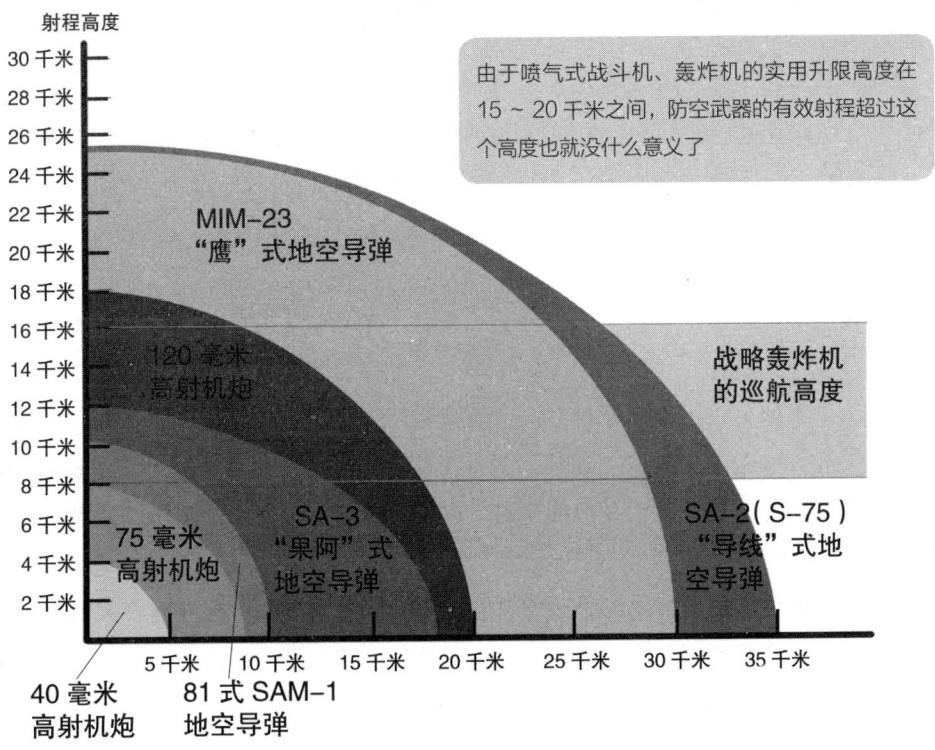

由于喷气式战斗机、轰炸机的实用升限高度在15~20千米之间,防空武器的有效射程超过这个高度也就没什么意义了。

地空导弹

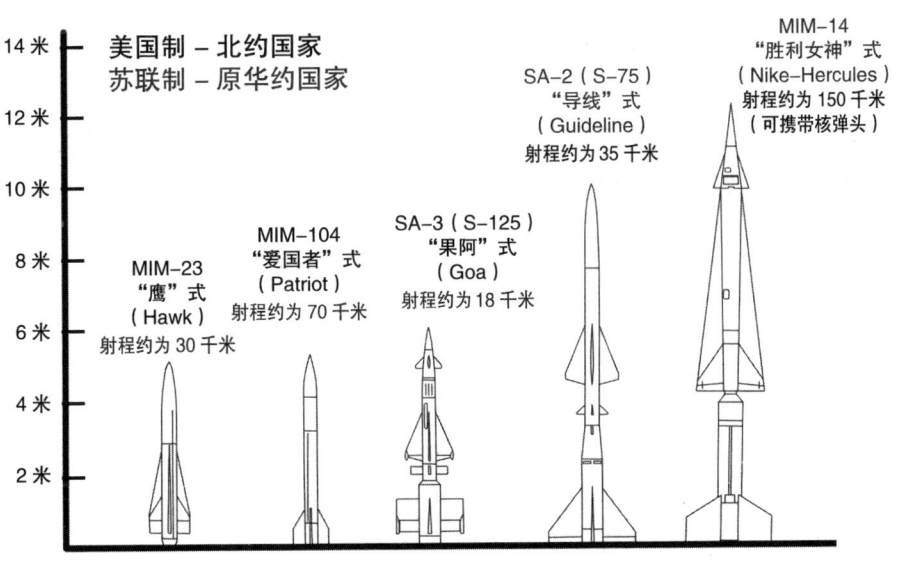

93

46 诱饵弹

在电影中常常可以看到这样的画面，当一架飞机即将被导弹击中的时候，会喷出一些火花引爆导弹，从而逃生。

干扰丝

最初的干扰武器是干扰丝，诞生于二战中，英国专门用它来干扰纳粹德国的各式雷达，当时也称之为"窗口"（Window）。它是将铝箔裁剪成适合雷达波长的长度而成。干扰丝主要用于误导对方雷达的侦测，从而保护己方飞机的安全。当己方飞机进入敌方地面雷达监控空域时，空中散布的干扰丝可以使雷达波产生反射，让敌方的雷达屏幕上显示出雪花般的亮点，达到隐藏自身的目的。同样，根据干扰丝的用量与散布的方式，可以制造出大编队来袭的假象，达到声东击西的效果。

现代的干扰丝是由玻璃纤维或塑料胶片镀上铝而制成的。在空战中，当战斗机探测到敌方主动雷达制导的导弹发出的雷达波后，就会自动撒出干扰丝，在机身后瞬间产生出新的"目标"，诱导来袭的导弹偏离预定目标。

红外诱饵弹

红外诱饵弹，也称热焰弹（Flare），大多数为投掷式燃烧型，内装的烟火剂多为镁粉、硝化棉和聚四氟乙烯的混合物。发射后会瞬间剧烈燃烧，能产生强烈的红外辐射，从而诱骗红外制导的空空导弹不朝飞机攻击而去追逐干扰弹，实现自卫目的。红外制导的空空导弹依靠捕捉飞机的热信号来跟踪目标，而红外诱饵燃烧时释放出的红外热信号可以吸引导弹偏离锁定目标。

● 干扰丝可以扰乱雷达波

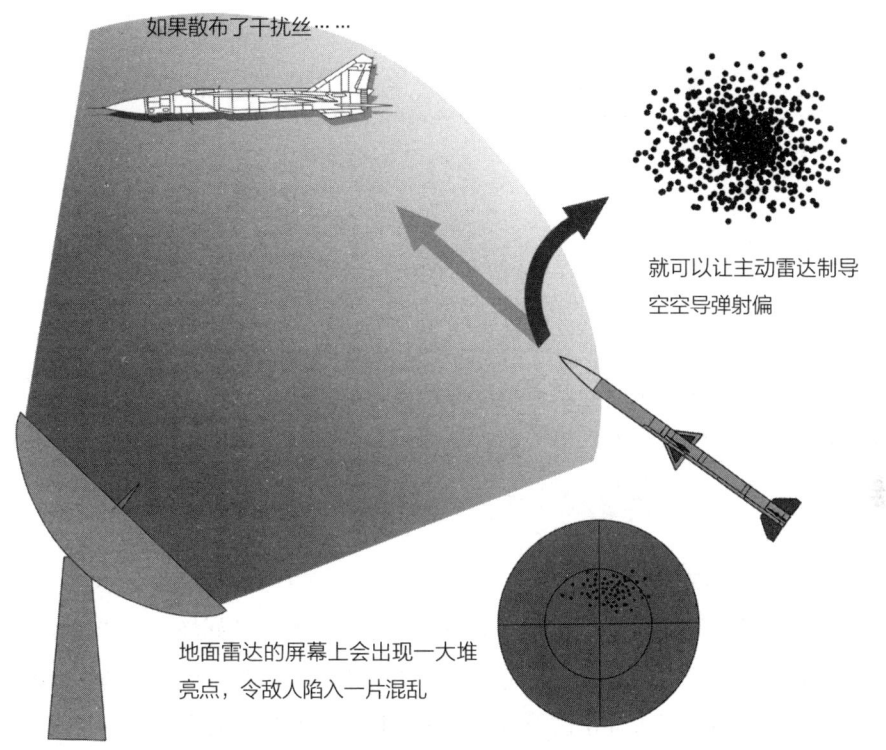

● 干扰丝可以扰乱雷达波

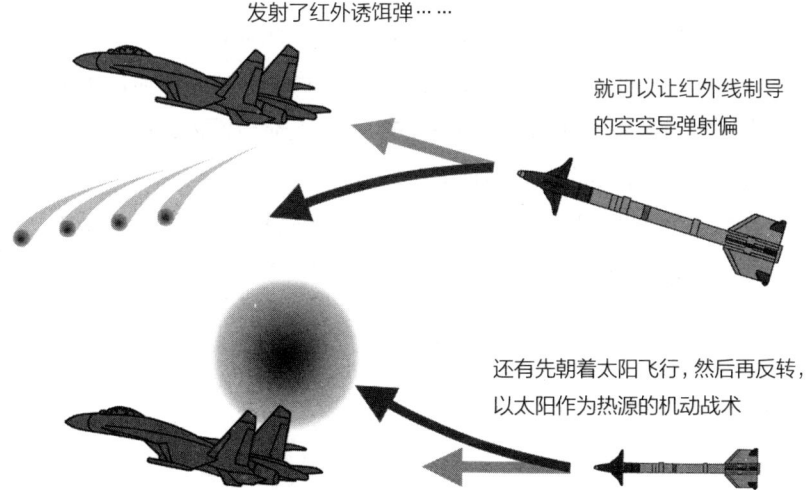

轰炸机搭载的核导弹

> 核武器在二战末期被使用,在随后的一二十年间得到了迅速发展,并很快被搭载于导弹上。

大杀器的诞生

20世纪50年代早期,苏联的远程轰炸机会以大编队机群朝北美大陆巡弋,当时正处于冷战时期,爆发核大战的威胁随时存在。针对这个威胁,美国拿出了自己的方案。由于当时像高精密制导武器或者高性能雷达等还不存在,因此空空武器的精度并不是很高,于是就有人提出要加大爆炸威力来弥补不足。核导弹正是在这种环境下诞生的。

在空中咆哮的核导弹

1954年,美国开始研制带核弹头的空空导弹——MB-I"妖怪"。"妖怪"导弹没有安装制导装置,严格意义上讲应该称之为"火箭",它对目标的杀伤依靠的是核战斗部爆炸产生的巨大冲击波及辐射。为了取得"妖怪"的发射平台,诺斯罗普公司应军方的要求以F-89D为蓝本发展出了F-89J,后来被超声速的F-101B"巫毒"和F-102A"三角标枪"取代。

1957年7月19日,F-89J进行了"妖怪"导弹的首次也是唯一的一次试射,导弹在内华达上空14000英尺(约合4267米)的地方爆炸,于爆发地点形成了一朵甜甜圈形状的云朵。为了让美国公民相信空爆"妖怪"对地面的居民不会造成伤害,几名空军志愿官员居然站在核爆点正下方的地面上充当活体试验品。测试后,这些人并未受伤,但是日后是否会有影响就不得而知了。

到了1971年,还出现了搭载在F-102和F-106战斗机上的半主动雷达导引式核导弹AIN-26,该型导弹共生产了1900枚。

● 干扰丝可以扰乱雷达波

AIR-2 "妖怪" 导弹

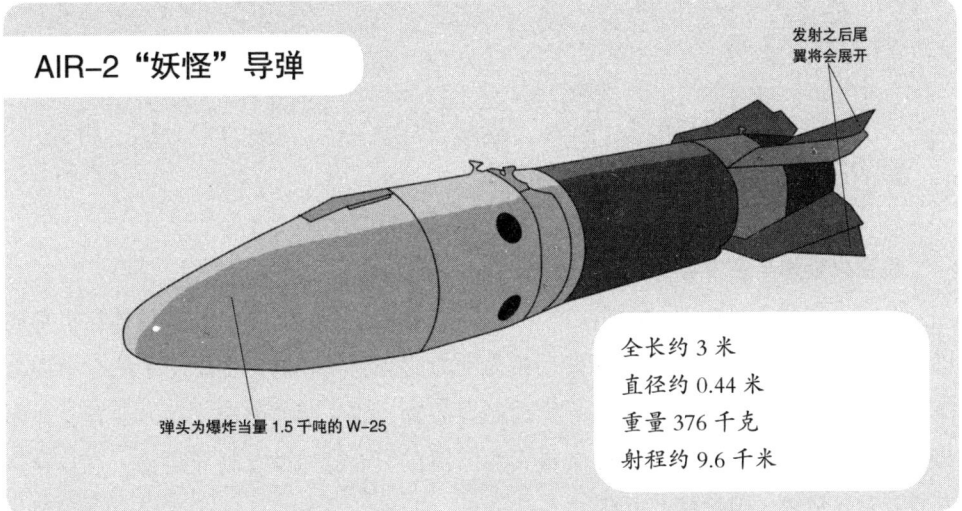

发射之后尾翼将会展开

弹头为爆炸当量 1.5 千吨的 W-25

全长约 3 米
直径约 0.44 米
重量 376 千克
射程约 9.6 千米

AIM-26 "隼"式核导弹

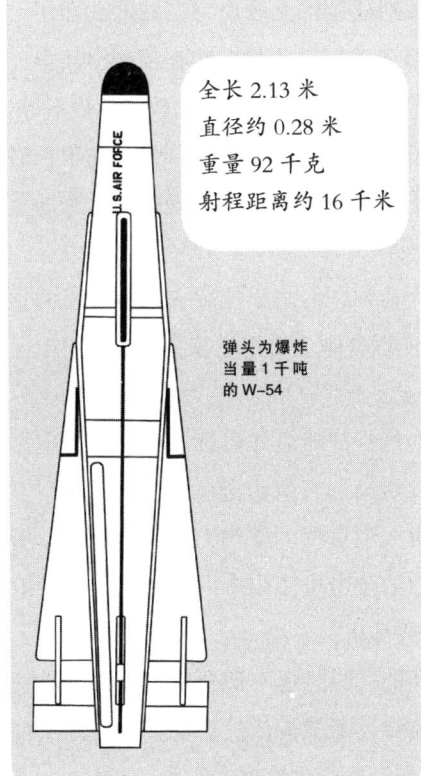

全长 2.13 米
直径约 0.28 米
重量 92 千克
射程距离约 16 千米

弹头为爆炸当量 1 千吨的 W-54

搭载"妖怪"火箭的 F-89J "蝎"式战斗机

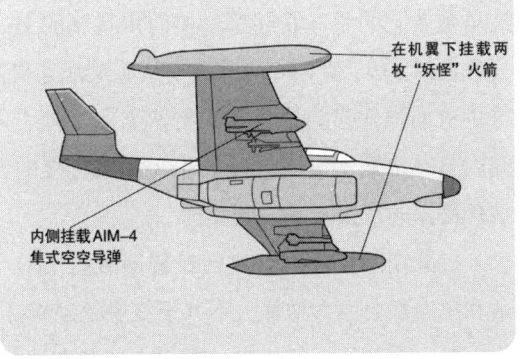

在机翼下挂载两枚"妖怪"火箭

内侧挂载 AIM-4 隼式空空导弹

装备核弹头的空对空武器与搭载母机的变迁

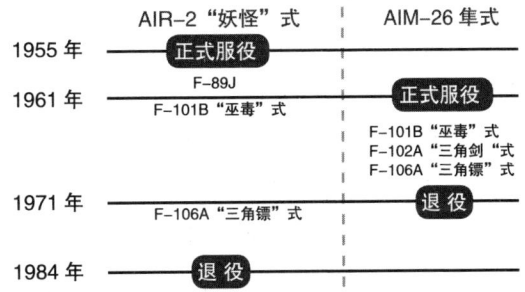

年份	AIR-2 "妖怪"式	AIM-26 隼式
1955 年	正式服役	
1961 年	F-89J F-101B "巫毒"式	正式服役 F-101B "巫毒"式 F-102A "三角剑"式 F-106A "三角镖"式
1971 年	F-106A "三角镖"式	退役
1984 年	退役	

97

48 航空火箭弹

> 航空火箭弹是机枪、航炮之后战斗机上携带的威力更大的一种武器，它与导弹相似，但又有所不同。

航空火箭弹与空空导弹

航空火箭弹（Airborne Rocket），又称"机载火箭弹"，是一种从悬挂在机身或机翼下面的发射器发射的以火箭发动机为动力的非制导武器，主要用于从空中攻击空中或地（海）面目标；而空空导弹由制导装置、战斗部、引信、动力装置、弹体与弹翼等组成，是制导武器。两者最大的区别在于火箭弹没有制导装置，空空导弹安装有制导装置，因此精度更高。

航空火箭弹的历史

航空火箭弹早在20世纪30年代就已经装备到战斗机上而作为空战的武器了。最早装备它的是苏联红军，他们将特制的76.2毫米的短火箭弹安装在槽型滑轨上，挂载在伊-15、伊-16两种活塞螺旋桨战斗机的机翼下，每次可挂载两枚到6枚不等。这种火箭弹在诺门坎战斗中首次参与实战，对日军飞机造成了极大杀伤，在很长时间内日军都搞不清飞机是被什么武器打穿的，还以为是76.2毫米的炮弹。后来通过纳粹德国的情报才了解到实情。

二战期间，各国空军已经普遍装备了航空火箭弹，但由于挂载它以后飞机的重量和阻力都会大大增加，不利于空中机动格斗，所以各国主要把它装备在攻击机上，用于对地面硬目标的攻击，而很少装备在战斗机上。

20世纪50年代到60年代初，携带核弹头的远程战略轰炸机逐渐成为各国空军最主要的拦截防御对手，针对它各国开始大力发展高空高速截击机。由于此时空空导弹技术尚不成熟，可靠性不高，传统的航炮对大型目标的杀伤力又比较有限，所以航空火箭弹在这一时期又有所兴盛。这段时期的截击机使用多发联装的火箭发射巢，靠数量优势形成大面积弹幕，用来拦截敌方轰炸机。

由于装载航空火箭弹会影响到载机的机动性能，同时也不适合用于攻击中小型敌机，因此随着空空导弹技术的成熟，航空火箭弹逐渐被淘汰。目前大部分国家都只把航空火箭弹装载在强击机和武装直升机上，专门执行对地攻击任务。

搭载在战斗机上的武器

依靠自身推力飞行至目标的武器

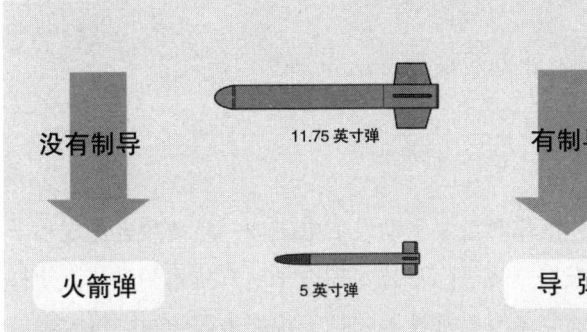

没有制导 → 火箭弹
- 11.75 英寸弹
- 5 英寸弹

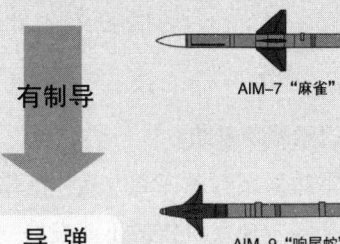

有制导 → 导弹
- AIM-7 "麻雀"
- AIM-9 "响尾蛇"

二战时的航空火箭弹

美军在对地攻击时大量使用的 5 英寸 HYAR

朝鲜战争中几乎所有美国陆军、海军、陆战队的战斗机均有使用

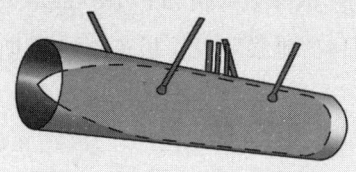

纳粹空军轰炸机使用的 2.1 米火箭弹 WGr21

搭载在 Fw 190、Bf 109 战斗机机翼下方的管状发射器中

越南战争以后的航空火箭弹

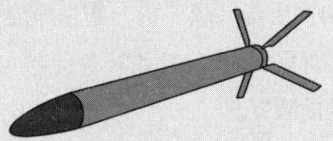

越战以后成为标准的 5 英寸航空火箭弹（尾翼式）

全长 2.4 米，重量 50 千克，在发射之后末端的尾翼会展开

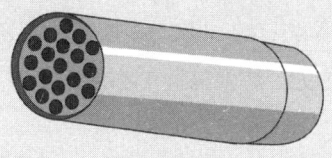

同时多枚齐射的 2.75 英寸火箭弹（蜂巢式）

全长 1.2 米，重量 8.4 千克，展开的尾翼有三片

49 红外线探测装置

> 战斗机在高空中巡航时，如何发现数千米以外的目标呢？

红外搜索跟踪系统

由于雷达采用有源探测方式，工作时需要主动发射电磁波，易被敌方发现和干扰。特别是随着现代科技的不断发展，飞机隐身技术和电子对抗技术的进步，使得机载雷达的探测距离急剧减少，而它本身隐蔽性差、抗干扰能力弱的缺点也越来越明显。为弥补机载雷达在这方面的不足，机载红外搜索跟踪系统（Infra-Red Search and Track，IRST）产生和不断发展起来。

该系统既能独立对目标进行探测和跟踪，也可与雷达互相随动执行对目标的搜索和跟踪。与机载雷达相比，IRST 具有抗干扰、抗隐身能力强，隐蔽性好，探测距离远，分辨率高的显著特点。最早装备该系统的有美国 20 世纪 60 年代制造的 F-101B "巫毒" 战斗机，不过当时的精度并不高。真正可以当作有效探测系统来使用的是苏联 80 年代开始装备的苏-27 及米格-29。目前，IRST 已成为现代战斗机不可或缺的装置。

夜间低海拔导航和红外瞄准吊舱

夜间低海拔导航和红外瞄准吊舱（Low Altitude Navigation and Targeting Infrared for Night，LANTIRN），也称为蓝盾，该系统把导航和瞄准吊舱合二为一，可以显著增加战斗机的作战效能，就连在夜间低空飞行时也可以准确地攻击地面目标，并使用激光精确制导炸弹进行轰炸。如 F-15E "攻击鹰" 战斗轰炸机和 F-16 "战隼" 战斗机（第 40、42 批次 C、D 型），还有海军的 F-14 "雄猫" 战斗机（F-14 后期型，被戏称为 "炸弹猫"）都使用了该系统。

"狙击手" 瞄准吊舱

2005 年，出现了一种名叫 "狙击手"（Sniper）的新型瞄准吊舱。这种吊舱内部设有摄像机，可以大大提高成像效果。

● 红外搜索跟踪系统（IRST）

装备在米格-29与苏-27战斗机上的IRST，现在已经成为标准装备

红外线感测装置 IRST，内有激光测距仪

● 夜间低海拔导航和红外瞄准吊舱（LANTIRN）

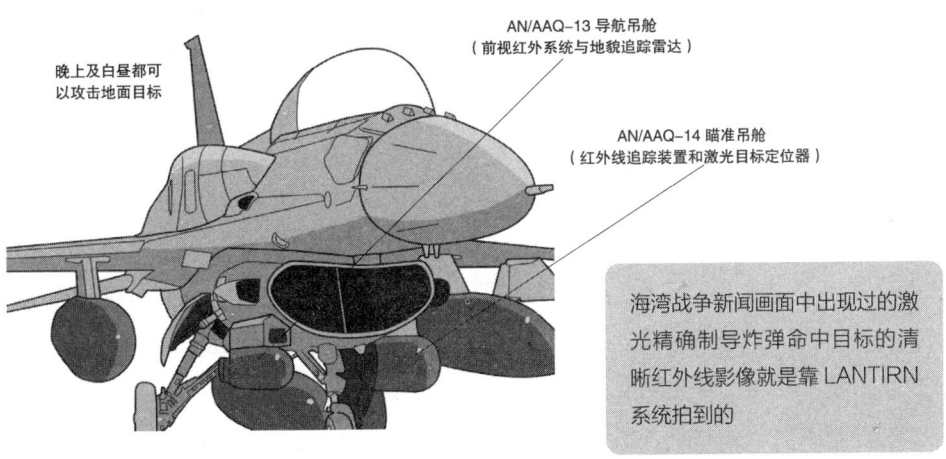

晚上及白昼都可以攻击地面目标

AN/AAQ-13 导航吊舱（前视红外系统与地貌追踪雷达）

AN/AAQ-14 瞄准吊舱（红外线追踪装置和激光目标定位器）

海湾战争新闻画面中出现过的激光精确制导炸弹命中目标的清晰红外线影像就是靠 LANTIRN 系统拍到的

● "狙击手"瞄准吊舱（Sniper）

装备在 F-15E、F-16、F/A-18 等战斗机上的"狙击手"瞄准吊舱，其长度为 2.39 米，直径为 30 厘米，重量为 18 千克

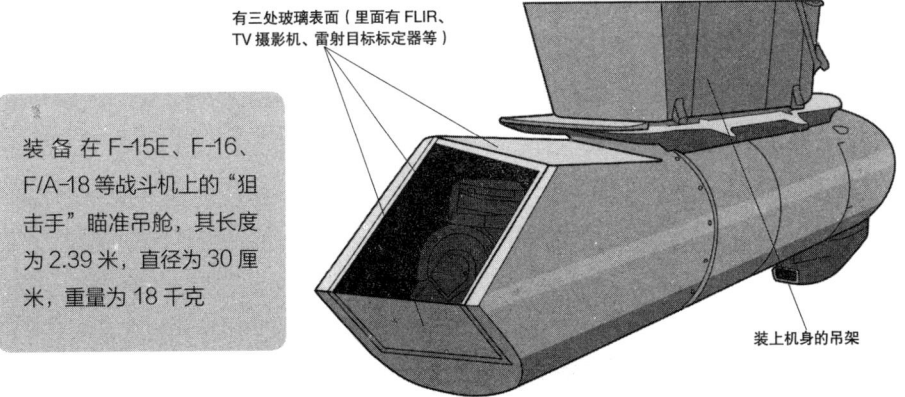

有三处玻璃表面（里面有 FLIR、TV 摄影机、雷射目标标定器等）

装上机身的吊架

101

风冷发动机向水冷发动机的升级

发动机对战斗机来说是飞行性能的核心,在二战中,战斗机的发动机整体从风冷改为水冷。

从风冷向水冷的进步

作为早期战斗机的主要动力来源,风冷式发动机与水冷式发动机相比,有着结构简单、生产成本低,重量轻,故障率低,易于维护和保养等优点,不过却也存在着正面面积过大而导致空气阻力增加的缺点。因此,随着战事的延续,二战中的交战各国就会把早期那些安装了风冷式发动机的战斗机换装成更为先进的水冷式发动机,使其机动性能得到较大提升。

意大利从1939年开始装备风冷式发动机的马奇(Macchi)C.200的最高速度约为510千米/时,当它换装上纳粹德国的DB601水冷式发动机并重新改良设计机身后,最高速度就超过了600千米/时。美国陆军于1937年装备在世界其他国家大量使用的寇蒂斯P-36战斗机,该飞机虽然操作简单,但是它的最高速度却只有500千米/时,当P-36换装了水冷式艾利森V-1710发动机之后,它的最高速度提升至560千米/时,成为新的型号P-40。由此可见水冷式战斗机性能的优势所在。

纳粹德国则是从1941年开始使用安装了空冷式发动机的Fw 190,用途相当广泛。到了1944年,换装了带有增压器的水冷式Fw 190D,由于它在机首装有环形冷却器,所以从外形看,很像是安装了风冷式发动机的战斗机。

● 发动机的升级

寇蒂斯 P-36A

莱特 R-1820 风冷式发动机（1200 马力）

全宽 11.38 米
全长 8.68 米
最高速度：500 千米 / 时

寇蒂斯 P-40 B

艾利森 V-1710 水冷式发动机（1090 马力）

全宽 11.37 米
全长 9.66 米
最高速度：560 千米 / 时

马奇 C.200

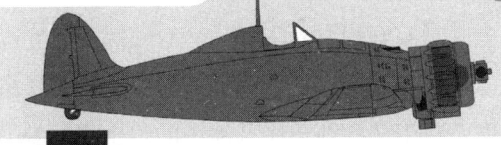

菲亚特 A74RC38 风冷式发动机（870 马力）

全宽 10.57 米
全长 8.2 米
最高速度：510 千米 / 时

马奇 C.202

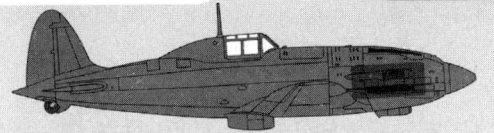

※RA1000RC41 是戴姆勒 - 奔驰 DB601 的授权生产版

阿尔法罗密欧 RA1000RC41 水冷式发动机（1180 马力）

全宽 10.58 米
全长 8.85 米
最高速度：600 千米 / 时

川崎キ 61-II 改

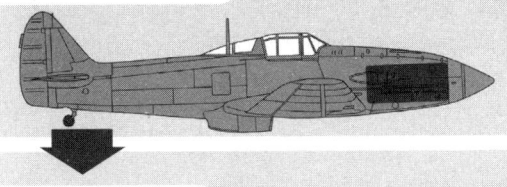

川崎 Ha40 水冷式发动机（1450 马力）

全宽 12.00 米
全长 9.16 米
最高速度：610 千米 / 时

川崎キ 100-I

三菱 H112 水冷式发动机（1500 马力）

全宽 12.00 米
全长 8.82 米
最高速度：580 千米 / 时

51 各国的假想敌部队

> 我们知道，各国基本都有自己的假想敌国。因此，在训练中会模拟敌方的战法进行训练，使用己方战斗机扮演敌军的情况也很常见。

假想敌部队

用来在训练的时候模拟敌军的特殊部队称为假想敌部队（Aggressor），美国海军陆战队则将其称为"Adversary"，是指"与之对抗、敌对者"的意思。美国海军的假想敌部队由 VFC-12、VFC-13、VFC-111 等飞行队和 NSAWC（海军攻击与航空战术中心）组成，该部队目前主要在内华达州的法伦（Fallon）等基地担任假想敌的任务，这支假想敌部队为了在空战训练时假扮成对手，所使用的战机都被施以与假想敌军相同的涂装，并在机首与尾翼上漆上红星记号，该部队的战机机种也相当丰富，主要有 F/A-18C、F-5N、F-16A 等。美国空军则拥有 64AGS、65AGS 两支驻扎在内华达州的奈丽斯基地的假想敌飞行队。德国是将前东德所使用的米格-29 直接编成相关部队，再到各国巡回训练。日本航空自卫队的新田园基地中的一个飞行教导队在战机竞技会中要扮演最强的敌人，该部队使用的战斗机是 F-15。目前还有一些国家使用苏-27 系列战斗机同美军飞行队进行实战训练。

空战的专家

假想敌部队必须具备精湛的飞行技术，同时能够知己知彼，对敌国的军情、战术、战法运用相当熟悉。其所属的飞行员都由具备高超技巧的教官担任，对于前来训练挑战的我方飞行员驾驶的战斗机，该部队的飞行员都必须能够轻易击落。

假想敌部队

Aggressor= 假想

实战飞行队：

Aggressor 飞行队

- 美国空军 → 第64、第65假想敌飞行队 F-15C、F-16C
- 日本航空自卫队 → 飞行教练队 F-15J/DJ

Aggressor 飞行队

- 美国空军 → 第12、第13、第111战斗混合飞行队 F/A-18、F-16A、F-5E/N
- 美国海军陆战队 → 第401陆战队战斗训练飞行队 F-5E

空战演习：

Aggressor 飞行队

由美国空军主办，每年于内华达与阿拉斯加展开的、有20个国家参与的世界最大规模演习，与假想敌部队不断进行激烈的空战训练

战技竞技会

由日本航空自卫队的飞行队来参加的日本空战演习，分为F-15组与F-4组等来同场竞技

F/A-18C "大黄蜂"（2007年）

将俄罗斯的苏-27当作假想敌，漆上与之相同的蓝色系迷彩，在垂直尾翼与机翼上还画有红星徽章

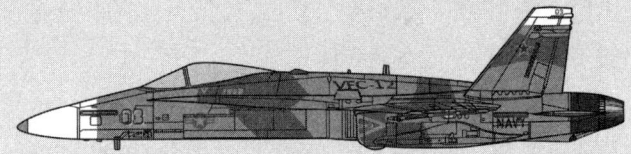

美国海军 VFC-12（第12战斗混合飞行队）

F-4EJ（1984年）

在浅灰色的一般涂装上漆有绿色的米格-21实物大小的剪影涂装，在侧面也画有剪影，因为浅灰色与天空背景色相融，所以使它看起来小一号

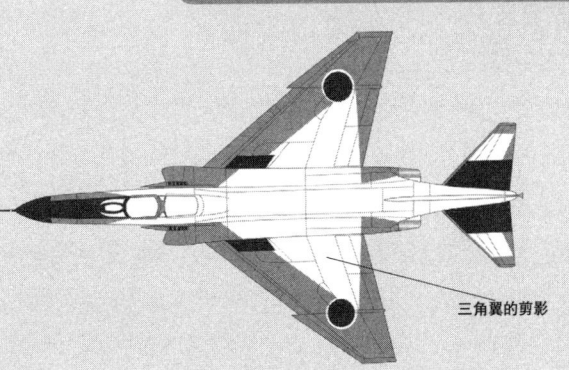

采用米格-21的剪影涂装的日本航空自卫队

三角翼的剪影

专题：真正不见踪影的隐身飞机

　　20世纪80年代，传言美国正在秘密研发一种"看不见的"战斗机。此外由于F/A-18"大黄蜂"与F-20"虎鲨"两种战斗机在型号命名上存在跳跃式命名，因此就有人推测该战斗机的型号可能被命名为F-19。无独有偶，1986年7月11日，一架飞机坠毁在美国加州的国家管制山区内。为了掩人耳目，美国国防部工作人员把飞机残骸全部带走后，还刻意用其他类型飞机的残骸来制造事故假象。迫于国内国外诸多媒体的舆论压力，美国国防部承认隐身飞机的存在，但其他细节则不愿透露。

　　值得注意的是，当时的Testor公司（美国的模型厂商）制造出了一种1/48比例的"F-19 Stealth Fighter"塑胶模型套件。虽然当时美国国防部还没有公布隐身飞机的性能以及其他资料，但是在该套件的说明书上却有隐身飞机的相关介绍和详细的机身资料，甚至里面还附有训练机用的气泡式座舱盖的零件说明。此后美国国会也介入此事，美国国防部还要求洛克希德公司加强保密措施，并提出明确保密方案。

　　F-19是一款单座式战斗机，有1/72和1/48两种比例的机型，机身内置大型的内倾式双垂直尾翼，座舱后方还配备细缝状的进气口。此外，Testor公司还推出了苏联的米格-37"雪貂"战机架空套件，这是一款有别于老牌的塑胶模型厂Monogram推出的1/72的F-19的概念套件。

　　1987年，相传这款隐身飞机可能被命名为"夜鹰"。而到了1988年，内部消息称该机不是被命名为F-19，而是F-117。同年的11月10日，美国国防部公布了一张不是很清晰的相片和18行文字，F-117正式面向世人。虽然F-117的外形跟F-19有着天壤之别，但是在很多地方又很相似。然而直至今天，所有关于F-19的消息依然还是浮云。

第三章
战斗机的组成与构造

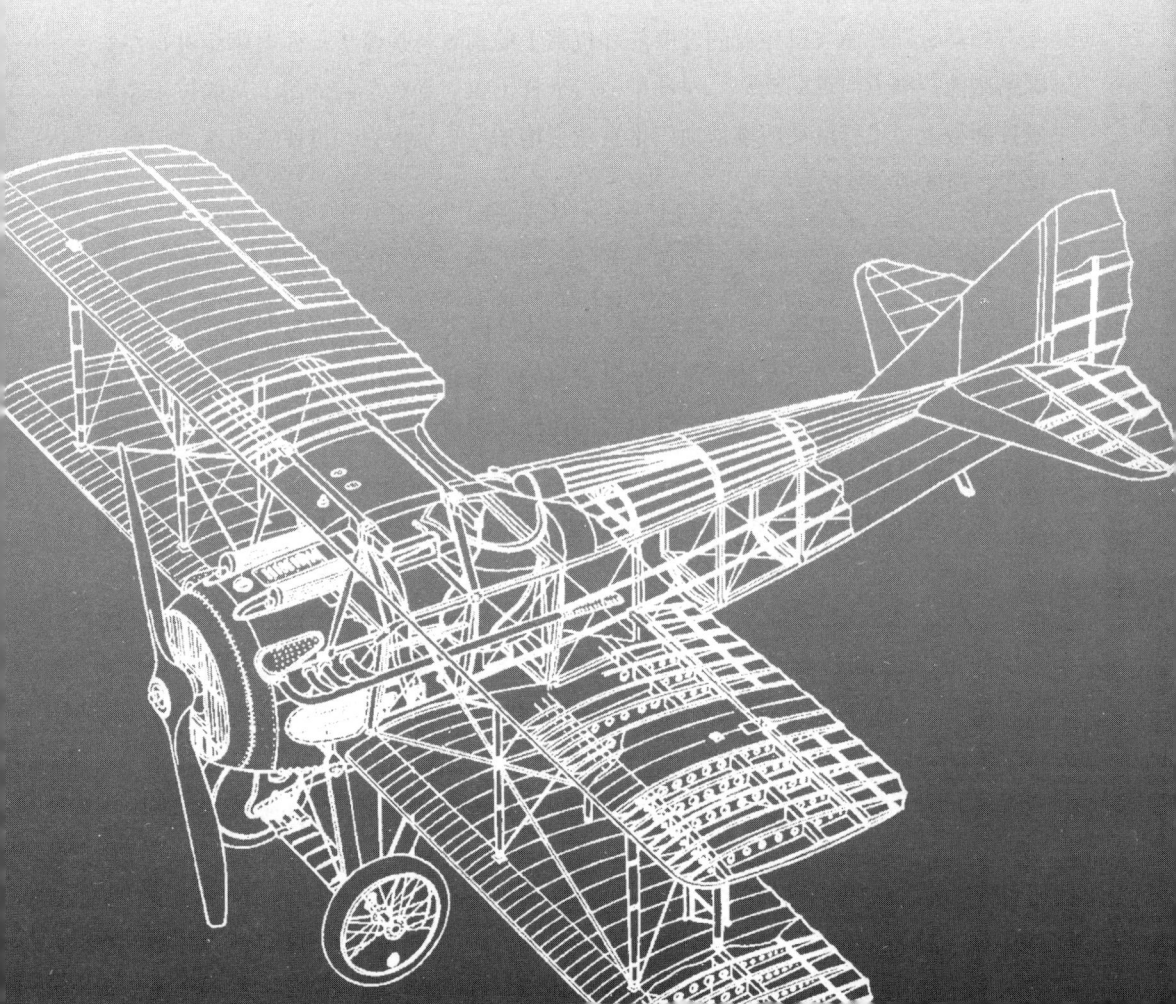

如何驾驶战斗机

我们经常在航展或者电视、电影中看到飞行员驾驶战斗机的英姿,那么飞行员是通过怎样的操作来对飞机进行驾驶的呢?

驾驶操纵杆和脚蹬、发动机油门

简单地说,飞行员主要是依靠驾驶操纵杆和脚蹬(方向舵踏板)、发动机油门来对飞机进行操纵,它们在飞机上所起的作用犹如汽车上的方向盘及油门一般。其中,操纵杆决定了飞机的俯仰和左右坡度,脚蹬决定了飞机的左右转向,而发动机油门则决定了飞机的飞行速度。

从多翼机时代至今,都是使用驾驶操纵杆与脚蹬间的相互配合来进行三轴方向的基本操纵飞行。这种机械式的飞行控制系统通过飞行员将驾驶操纵杆前后移动和左右移动分别控制飞机尾翼的升降舵和机翼上的副翼与扰流板;而对脚蹬进行左右踩踏则能控制方向舵的动作。发动机油门推杆(相当于汽车的油门)一般位于左侧操控面板上,飞行员往前推送油门推杆就会增加发动机推力,可使飞机速度加快,反之,速度则会减慢。

要如何传递操控

随着飞机的大型化、高速化发展,传统的机械式飞控系统已逐渐被液压式飞控系统替代。液压式飞控系统可以将操纵所需的力量通过液压增幅器增幅至数倍,由于对各个装置的操控还是传统机械式的连杆或钢索连接,因此各舵面的动作力量仍能通过操纵杆反馈到飞行员手中。

20世纪70年代,F-16与"台风"等机型的右侧操作面板上能够安装仅靠手腕动作就能灵活控制的驾驶操纵杆,完全得益于电传操纵(Fly-by-wire)飞行控制系统。目前,电传操纵飞行控制系统几乎成为所有现代战斗机的标准配置,它省掉了传统飞控系统中的机械传动装置和液压管路,降低了整机重量,同时安全系数得以提高。由于光纤抗干扰性强,光纤飞控系统大有替代电传操纵飞行控制系统的趋势。

绕着三轴的操纵

一次操纵翼面

升降舵（Elevator）
副翼（Aileron）
方向舵（Rudder）

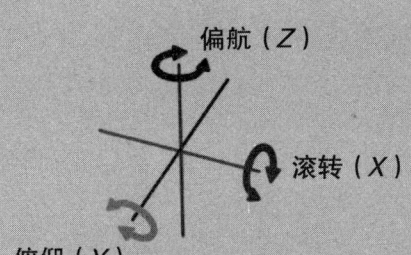

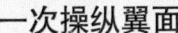 俯仰（Y）

俯仰是靠升降舵

将操纵杆前后移动，升降舵会上下翻动

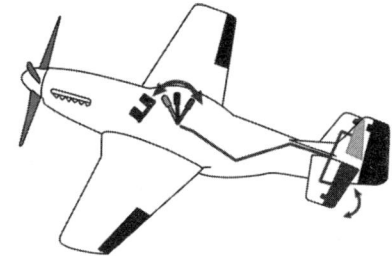

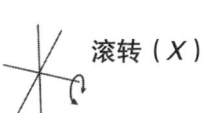 滚转（X）

滚转是靠副翼

将驾驶操纵杆左右移动，副翼就会上下翻动

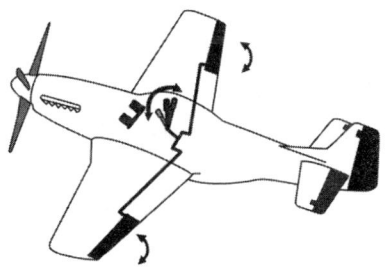

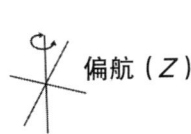 偏航（Z）

偏航是靠方向舵

将脚踏板左右方向踩踏，方向舵就会左右翻动

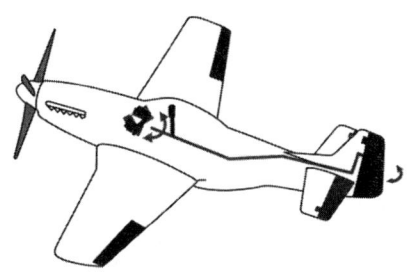

53 方向舵和升降舵

方向舵和升降舵分别担任着调整飞机航向和高度的重任。

如何变换飞行姿势

飞机是靠着方向舵和升降舵转动时产生的力矩来变换飞行姿势的。飞机的偏航是指把机体的重心位置当作中心点，让机首和尾部左右转动。而俯仰则是让机首和尾部朝上下方向摆动。当垂直于尾翼上的方向舵向左侧翻动时，空气的气流就会把尾翼往右侧压去，而此时机首就会以重心位置为中心点转动力矩往左侧偏转。同理，当方向舵向右侧翻动时，机首就会向右偏转。水平尾翼上的升降舵采用同样的原理，但升降舵向下翻动时，水平尾翼受到升力作用后尾部会上扬，此时机首又以重心位置为中心点向下转动，反之机首则会向上抬起，飞机就是靠这样动作来完成偏航和俯仰的飞行姿势。

全动式尾翼

为了提高战斗机的机动性能，还出现过水平尾翼采用整片可动的设计方案，这种整片可动的尾翼就称之为"全动式尾翼"（All flying tail）。不过，目前在美军所有机型中，只有XF-107曾经采用过这种全动式垂直尾翼。

直升机一般没有方向舵，直升机飞行中的变向依靠主旋翼改变角度来实现，其尾翼只是为了抵消主旋翼产生的反扭矩。不过，如今也有一些直升机取消了尾翼，采用双旋翼结构，尾部改为带方向舵的垂直尾翼，如俄罗斯的KA-25直升机。

● 方向舵与偏航

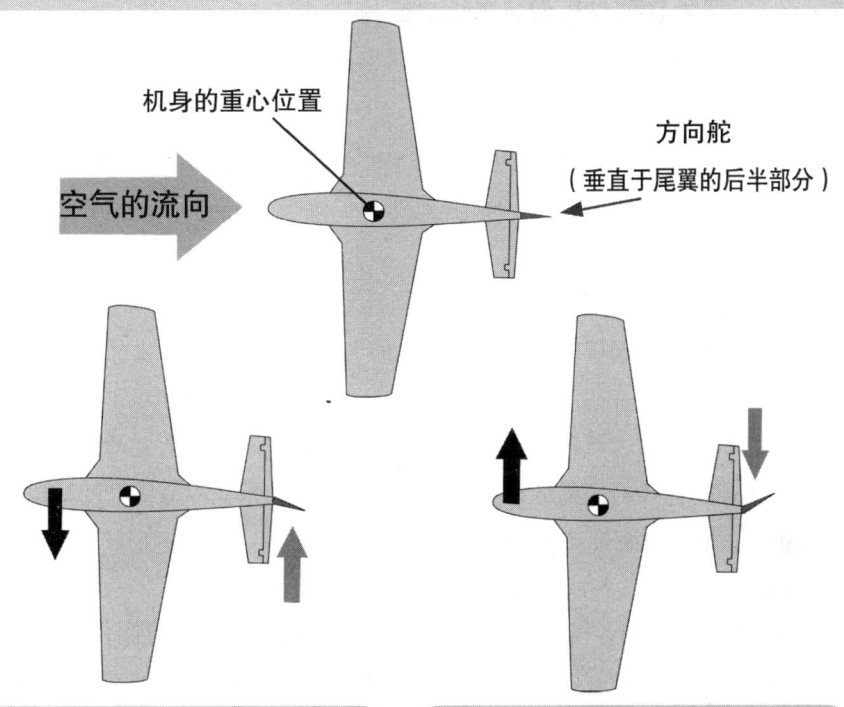

● 方向舵与偏航

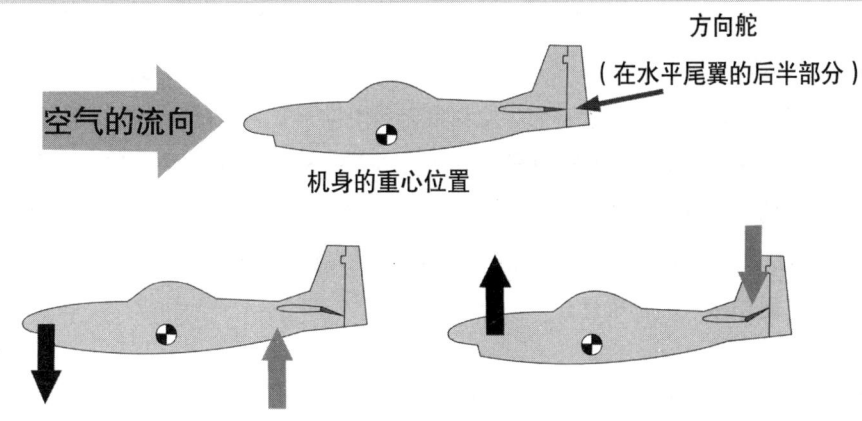

111

54 蜂腰状的机身

> 在说到飞机的性能时,总会提到"气动布局"这个词,气动布局意味着飞机外形的设计对飞机的影响。

内凹曲线形的意义

飞机机翼和机身连接的部分会因为机翼剖面积的关系而产生相当大的阻力,根据"面积律"(Area rule,也称为"面积法"),把这一部分机身的剖面及减去相当于机翼剖面积的分量,就可以把阻力压回到平均值上。早期的发动机的性能还无法提供战斗机超声速飞行所需的推力,"面积律"在超声速战斗机上的运用就可以弥补这一不足,通过蜂腰设计(也称为"可乐瓶"设计),机身的形状为内凹曲线形,这样就可以减少高速飞行时的阻力。

美军的格鲁曼 F11F "虎"战斗机是世界上最早的一款在设计阶段就采用了"面积律"的超声速战斗机,该机于 1954 年 7 月 30 日成功进行首飞。其实最早开始研究战斗机机身形状与面积律关系的是康维尔公司的 F-102 战斗机。F-102 是美国国土防空系统计划中优先发展的主力截击机,从 1949 年开始,美国就开始规划与苏联的战略轰炸机相抗衡的包括美国本土防空用截击机在内的综合防空系统。作为核心的 F-102 截击机采用的是全新三角翼设计,要求能够拦截飞行高度为 15000 米、飞行速度为马赫数 1.3 的轰炸机。然而,当 YF-102 验证机在 1953 年 10 月 24 日首飞后发现,该机在突破声障(马赫数 0.8~1.2)时的阻力会突然变得很大,导致无法突破声障。之后,经过对机体构造进行全面检查后,发现阻力是由位于安装机翼处的机身部分产生的。最后还是采用了 NACA(美国国家航空航天局"NASA"的前身)的研究成果——"面积律",将 YF-102 的机身重新设计成蜂腰形状,并命名为 YF-102A 验证机。它于 1954 年 12 月 20 日首飞成功,并在第二天的水平飞行时达到了马赫数 1.2 的超声速度,验证了"面积律"的正确性。

"面积律"（蜂腰设计）

世界最早采用"面积律"的飞机（格鲁曼F11F"虎"）

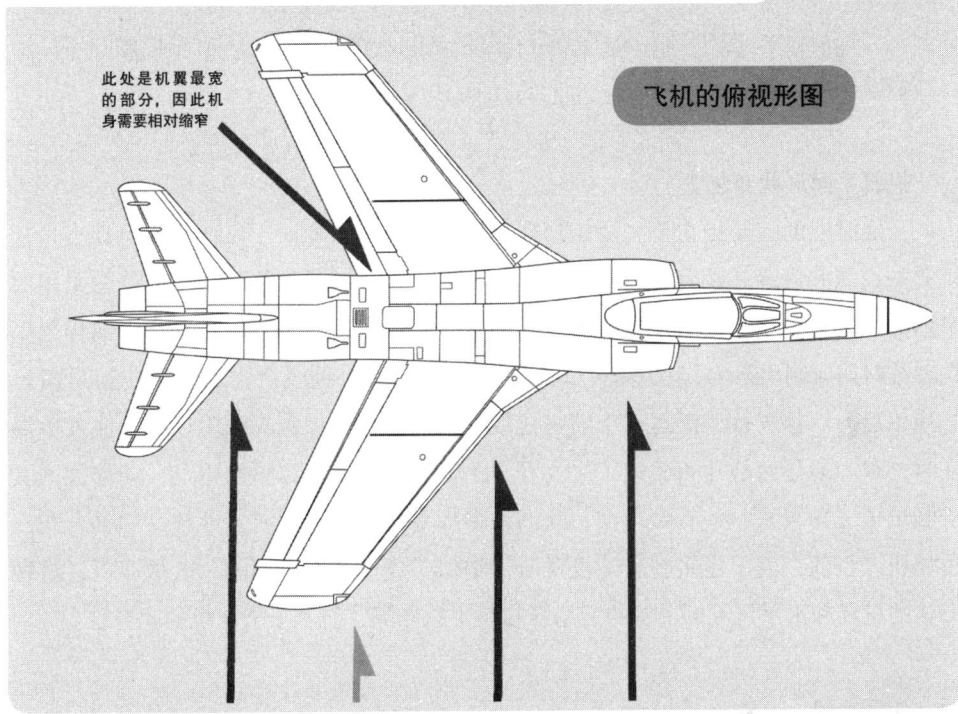

此处是机翼最宽的部分，因此机身需要相对缩窄

飞机的俯视形图

箭头部分的剖面图

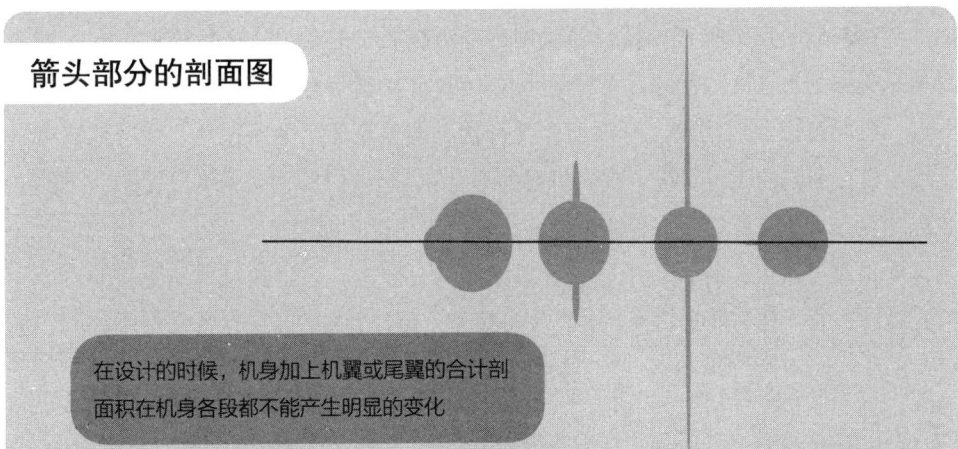

在设计的时候，机身加上机翼或尾翼的合计剖面积在机身各段都不能产生明显的变化

由于F-102的研发过程及首次采用三角翼设计的缘故，人们在谈到"面积律"时一般会首先想到F-102，不过采用"面积律"并最早实现首飞的应该是F11F"虎"战斗机才对。F11F同时也是世界上最早的超声速舰载飞机

各种形状的机翼

> 飞机的机翼为飞机提供升力,不同形状的机翼也会对飞机的飞行性能产生影响。

机翼平面形状变化史

一战时期的战斗机主要采用矩形翼,这种机翼形状相对于机体轴线呈现直角,机翼的前缘和后缘是相互平行的。还有一种是在二战时期螺旋桨飞机上普遍采用的梯形翼,这种翼型越往翼端,机翼前后的宽度就会变得越窄。后掠翼是由纳粹德国在二战时期研制出来的,后掠翼可以延缓冲击波的发生,使飞机能以更快的速度飞行。二战以后,后掠翼被广泛运用于喷气式战斗机上。当后掠翼翼端附近的气流发生混乱时,很容易导致战斗机失速(失去升力),为了弥补后掠翼的不足,纳粹德国又研制出了三角翼机,一直到现在,欧洲许多战斗机都是采用机动性较高的复合式三角翼机。目前,美国还研制出了机翼形状类似于菱形的 F-22 和 F-35 战斗机,这种形状的机翼和水平尾翼的前缘与后缘各自呈平行布局,有利于战斗机的隐身性。

变后掠翼

早在二战时期纳粹德国就已经研制出变后掠翼,但最早将变后掠翼技术实用化的却是美国的 F-111,它的首飞时间是在 1964 年。变后掠翼是以机翼安装的根部为支点,机翼可以前后摆动,可以配合飞行状况调整至适当的后掠角。变后掠翼可以让战斗机在不同的飞行状况下改变机翼的形状,以最佳的翼型完成飞行任务,在低速、高机动飞行时让机翼展开,后掠角变小,而高速飞行时则把机翼收回,后掠角加大,使其变得跟三角翼一样。由于变后掠翼结构十分复杂,重量超过其他常规的机翼,因此只有少数一部分战斗机才能采用这种翼型,包括美军已退役的 F-111、F-14 "雄猫",苏联的米格–23,英、意、德联合开发的"台风"战斗机等。

● 机翼的形状

矩形翼
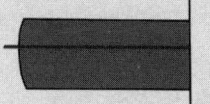
翼根与翼端的宽度相同,用于一战中的副翼机与早期的低速机上

梯形翼

翼端逐渐变细。主要用于二战时的单翼机上,几乎所有的螺旋桨战斗机都是采用这种翼平面设计

菱形翼
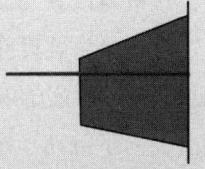
洛克希德F-104超声速喷气式战斗机

椭圆翼

英国的"喷火"战斗机

● 机翼的形状

三角翼

后掠翼的衍生型。20世纪60年代的超声速战斗机大多采用这种翼形

变后掠翼
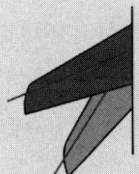
可以依据飞行状况来改变后掠角。如F-14"雄猫"战斗机等

后掠翼

用于大多数的喷气式战斗机

前掠翼
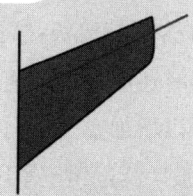
X-29试验机

逆渐缩翼
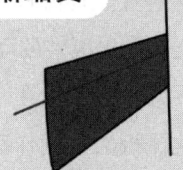
共和XF-91喷气式验证机

56 副翼和扰流板

> 仅仅依靠机翼的话，飞机飞行时的升力不会变化，因此还需要其他装置来辅助。

副翼

除了左右方向的偏航以及上下方向的俯仰外，让机身以其几何结构的中轴线转轴来进行旋转的运动称为"滚转"。这种"滚转"运动是由装设在机翼后缘外侧附近的副翼（Aileron）来控制的，左右副翼是对称配置的，当右边的副翼向上翻动时，右侧的机翼会受到向下的力量，与此同时，左侧副翼向下翻动，左侧机翼就会受到向上的力量，这样从机身后面看，整个飞机就是在做顺时针方向旋转的动作。副翼就是以这样的原理让机体做出滚转动作的，当飞机做滚转动作时，从机体前后方向看，机体的左右机翼就会往上或往下翻动。通过方向舵操纵左右方向偏航，加上滚转动作，飞机就可以实现转弯了。飞机就是像这样依靠方向舵偏航、升降舵的俯仰和副翼的滚转这三轴方向来操纵的。

左右副翼有时还可以作为升降舵使用，像三角翼机和全翼机这种没有安装水平尾翼的飞机，就是通过让左右副翼同时向上下翻动来实现飞机的升降的，而这种特殊的操纵面就被称为升降副翼（Elevon），它是由英文的 Elevator 与 Aileron 所构成的组合词语（Elev+on）。

扰流板

扰流板（Spoiler）装设在机翼上，当机翼作动时会立起来对升力与气流进行扰动的板状装置。扰流板具有多种功能，如果只是左右单边作动时，扰流板能像副翼那样让飞机做出滚转的动作，如果左右扰流板在飞机飞行时同时作动，则会使升力减小，飞机下降。扰流板在飞机着陆时还能起到减速的作用，在飞机着陆与地面接触的瞬间使扰流板大幅度作动，就可以增加空气阻力，减缓飞机着陆时的惯性滑行。扰流板这种集多功能为一体的装置被广泛运用于军用飞机及民用飞机中。

● 副翼的作用

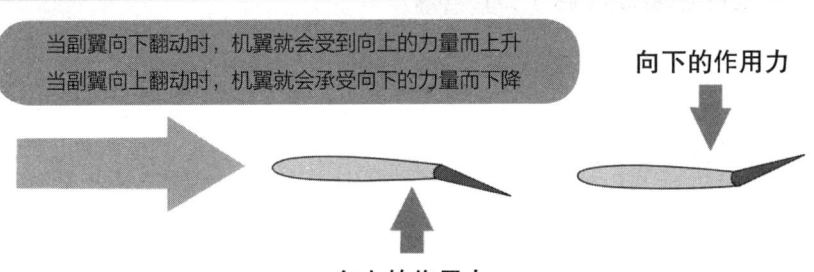

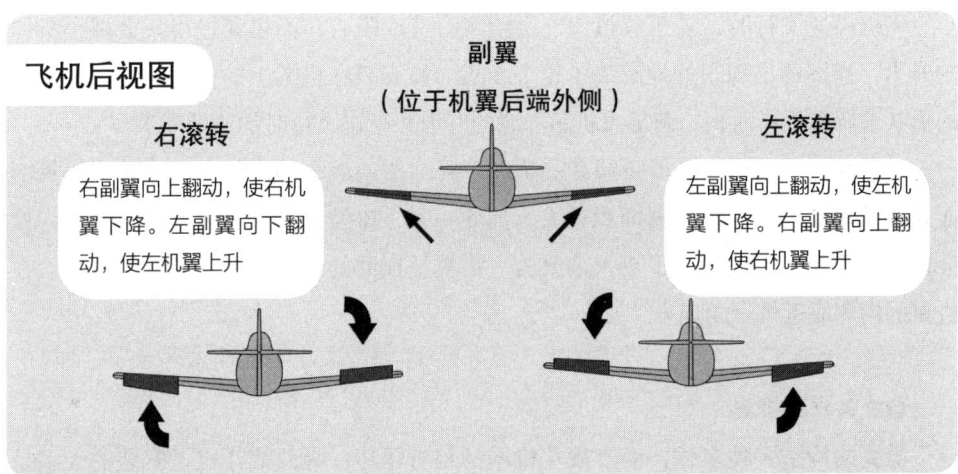

● 扰流板的作用

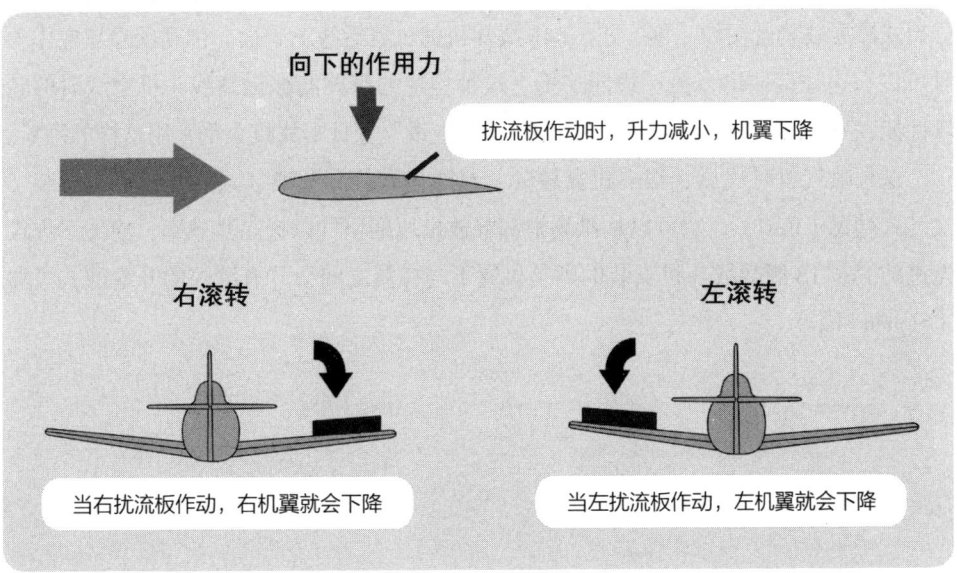

57　机翼上的襟翼

> 襟翼是机翼后方可活动的部分，它可以改变机翼的升力。

弥补小型机翼的不足

飞机高速飞行时，若机翼过大，会给飞行造成阻力，而机翼过小又会减小机体的升力，襟翼的出现很好地解决了这个矛盾。被安装在机翼上的襟翼通过改变机翼的形状来调整机翼面积，满足飞机起降时的升力和高速飞行时的速度需求。

襟翼通过将其后方向下折或者一边往下降一边向后方伸出的方式来改变机翼剖面弧度及形状，从而使机翼面积增大，如此一来，流经机翼上下表面的气流方向就会被改变，飞机也就获得了更大的升力。襟翼呈横向的细长条状，通常会被装设在机翼的内侧靠近机身的地方。

各式各样的襟翼

襟翼的构造多种多样，由于战斗机本身相对轻巧，因此战斗机上安装的大多是后端会往下折曲的单纯式襟翼。

二战时期，分裂式襟翼（Split Flap）和佛勒氏襟翼（Fowler Flap）被广泛运用。分裂式襟翼被装设在如"零"式、F4F战斗机的机翼后缘下表面。佛勒氏襟翼在作动时可以一边往后伸出，另一边向下折，这种构造的襟翼能够提高战斗机空战时的转弯性能，当时的"隼""疾风""雷电""紫电改"等日本战机大都采用这样的襟翼。

进入喷气机时代后，很多机翼较薄、起降速度较高的喷气式战斗机上都安装了吹气式襟翼（BLC），它可以从襟翼根部释放出压缩空气以提高其效率。而美军现役先进的F\A-18舰载战斗机安装的则是机翼下与襟翼之间会开有缝隙的开缝隙式襟翼（Slotted Flap）。

● 襟翼的用途

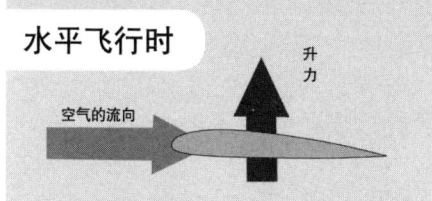

水平飞行时

起降时

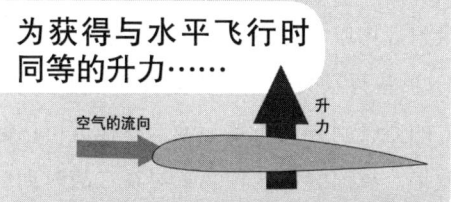

为获得与水平飞行时同等的升力……

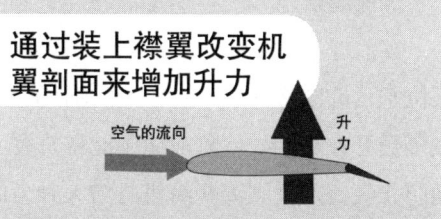

通过装上襟翼改变机翼剖面来增加升力

若将机翼面积增大，阻力也会增加

● 襟翼的用途

单纯式襟翼

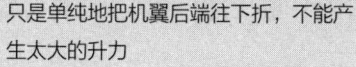

只是单纯地把机翼后端往下折，不能产生太大的升力

分裂式襟翼

机翼后端的下面会分开且往下折，一般只在降落时使用

佛勒氏襟翼

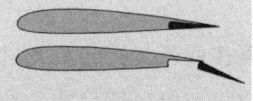

只是单纯地把机翼后端往下折，不能产生太大的升力

开缝式襟翼

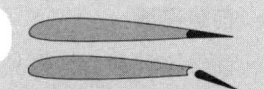

机翼后端的下面会分开且往下折，一般只在降落时使用

BLC 襟翼

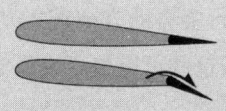

作动方式与单纯式襟翼相同，不过它会从襟翼前缘的机翼上面释放出压缩空气，以防止流经机翼表面的空气发生剥离，但是安全系数低

翼前缝条和前缘缝翼

> 机翼并不是完整的一部分，它的表面被线条分成了多个部分，每个部分都有自己的作用。

翼前缝条

翼前缝条与前缘缝翼都是装在机翼前缘附近用以增加飞机升力的装置。翼前缝条位于飞机机翼前缘，它是一条细长的缝隙，形状有点类似于自动售票机的投币孔，大多会开在翼端处。翼前缝条能将机翼下方的空气引导到机翼上面，这样就可以起到防止气流产生剥离和给机身增大升力的效果。翼前缝条这种装置早在二战时期就已经存在了，不过在战斗机上很少使用，因为战斗机的飞行速度相对较快，而翼前缝条在高速飞行会产生阻力。

前缘缝翼

前缘缝翼指装于机翼前缘，可依照需求向前下方伸出的装置。前缘缝翼起到的作用其实和翼前缝条差不多，当前缘缝翼作动时，就会和机翼之间产生缝隙，这样，它就可以产生跟翼前缝条同样的效果。前缘缝翼分为可动式和固定式，F-4"鬼怪"Ⅱ式后期型战斗机上的就是固定式的前缘缝翼，不过一般飞机上的前缘缝翼大多是可动式的，并且和翼前缘融为一体。

前缘襟翼

前缘襟翼和后缘襟翼一样，通过让襟翼往前下方折起给飞机增加升力。现代喷气式战斗机上都会安装单纯式襟翼。前缘襟翼可以延缓失速的发生，同时提高低速飞行时的机动性。

二次操纵翼面

一次操纵翼面是指直接控制三轴方向飞行姿势的方向舵、升降舵、副翼，而二次操纵翼面则是指襟翼、前缘缝翼以及扰流板这些可以提高或降低升力的装置。

● 翼前缝条

梅塞施密特 Me 163 的机翼

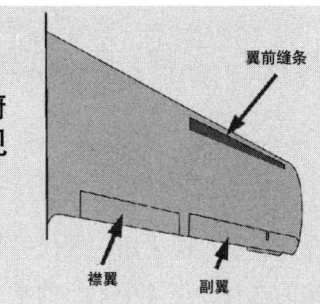

俯视 — 翼前缝条、襟翼、副翼

剖面

翼前缝条的空气流向

翼前缝条是开在机翼与尾翼上的固定式缝隙，而且缝隙的宽度不能加大或关闭

● 前缘缝翼

梅塞施密特 Bf 109 的机翼

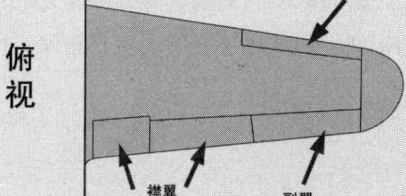

俯视 — 翼前缝条、襟翼、副翼

剖面

前缘缝翼的动作

前缘缝翼是安装在机翼前缘的细长状动翼。在改变机翼剖面的同时也能产生缝隙，发挥出与翼前缝条相同的功能

● 前缘襟翼

洛克希德 F-16 的机翼

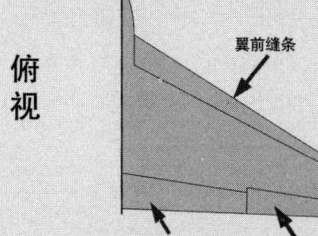

俯视 — 翼前缝条、襟翼、副翼

剖面

前缘襟翼的动作

前缘襟翼是安装在机翼前缘的襟翼，大多是只能往下折的单纯式襟翼。它与后缘襟翼一样，都可以改变机翼剖面的形状

121

59　前掠翼与斜向翼

> 前掠翼和斜向翼都是飞机机翼布局的方式，不同的布局对飞机的性能影响很大。

前掠翼

纳粹德国研制出的后掠翼技术在二战后已经被各国广泛采用，现代喷气式战斗机多采用后掠翼。虽然后掠翼是战斗机机翼不错的选择，但美中不足的是，后掠翼载翼端附近容易发生失速的问题。后掠翼使机翼上面的空气从翼根（机身这边）流向翼端，由此人们想出了让机翼上的空气从翼端流向翼根的前掠翼。将翼端往前推，翼端就不会发生失速状况了。如果使用前掠翼，就不会降低机翼的性能，机首也不会强烈上扬，比起后掠翼似乎更胜一筹，但真正将前掠翼实用化却存在很大难度。因为前掠翼的翼端是往前伸出的，这样翼端就会受到一个向上的挤压力，使翼端产生扭曲，最后导致翼结构被破坏。因此，前掠翼的强度问题就成为其实用化的关键，若要加大前掠翼的强度，就只能强化机翼的构造，但这样又会增加机翼重量，因此，前掠翼方案几乎只存在于试验机身上。

斜向翼之梦

二战时期的纳粹德国曾经设计研制过斜向翼这种特殊的翼型，期望能够兼具后掠翼可延缓冲击波和前掠翼避免失速的优点。斜向翼是以普通矩形翼的中心点为转轴，将机翼加以旋转，这样机翼的结构就一边是前掠翼，另一边是后掠翼。这种斜向翼的设计大胆奇特，避免了前掠翼的剧烈扭曲，重量也比可变翼更轻。美国NASA于1979年制造出专门验证其可行性的AD-1实验机。斜向翼技术在理论上是完美的，但要将其真正应用在战斗机上还存在很多技术方面的问题。斜向翼目前也没有投入实用化。

● 后掠翼与前掠翼

机翼的角度

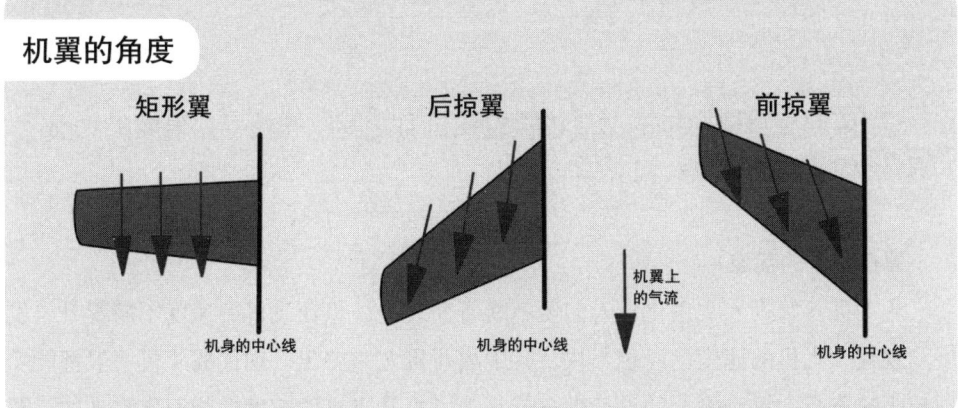

矩形翼　　后掠翼　　前掠翼

机翼上的气流

机身的中心线

后掠角

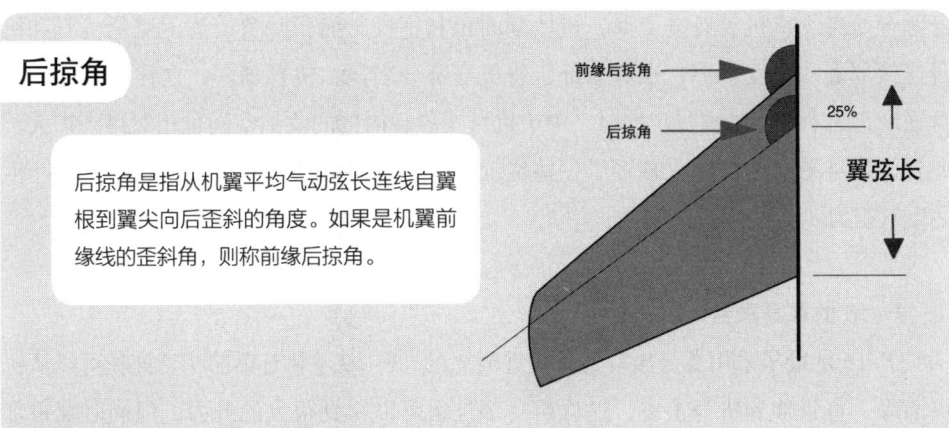

后掠角是指从机翼平均气动弦长连线自翼根到翼尖向后歪斜的角度。如果是机翼前缘线的歪斜角，则称前缘后掠角。

前缘后掠角
后掠角
25%
翼弦长

● 后掠翼与前掠翼

机翼靠着机身中央的转轴来整合，机翼以该转轴为中心点进行旋转，使其一边是前掠翼，另一边则是后掠翼

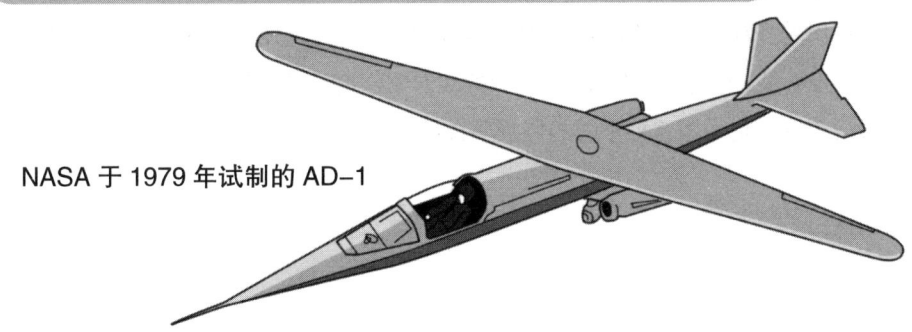

NASA 于 1979 年试制的 AD-1

翼身融合

所谓翼身融合指的是飞机机翼和机身之间的连接不是直接的，而是一种渐变的过渡。

翼身融合的优点

从飞机开始投入实用化，人们便不断研究改进，想让飞机的速度不断提升。发展到现代，飞机的速度已经相当快，其中战斗机尤为突出，现代战斗机一般都能实现超声速飞行。翼身融合的设计理念就是为了提升飞机的速度性能而发展来的。翼身融合是将飞机机翼厚度变薄，机体剖面积和正投影面积减少；为了避免机翼和机身连接部分的强度不够，在翼根部位将机身部分削薄，机翼加厚，这样既能保证机身强度，又不会增加重量。同时，由于机身变薄后内部的收纳空间也相对得到扩大。此外，翼身融合的设计也减轻了一些传统设计的机身部件容易在机翼接合部位产生的空气阻力。

F-16 的翼身融合

F-16 是最早采用翼身融合这种设计概念的，F-16 还装有翼前缘延伸板可以从机翼前缘一直延伸到机身上去，这样机身部位也可以得到很大的升力，但同时翼根部位的剖面积会变大，就得考虑采用"面积律"将机翼中央部分的机身做成向内凹陷的形状。翼身融合已经成为了现代战斗机的典型设计，并被陆续用在米格-29、苏-27、"台风"战斗机等三代名机上。

隐身飞机的翼身融合

采用翼身融合构造的机型，其机身和机翼的接合部位会比较顺滑，因此就减少了雷达反射波，有利于隐蔽敌机，减少被敌方雷达追踪发现的概率，美国的F-22、F-35隐身战斗机就是采用这种平缓的翼身融合设计。

● 翼身融合

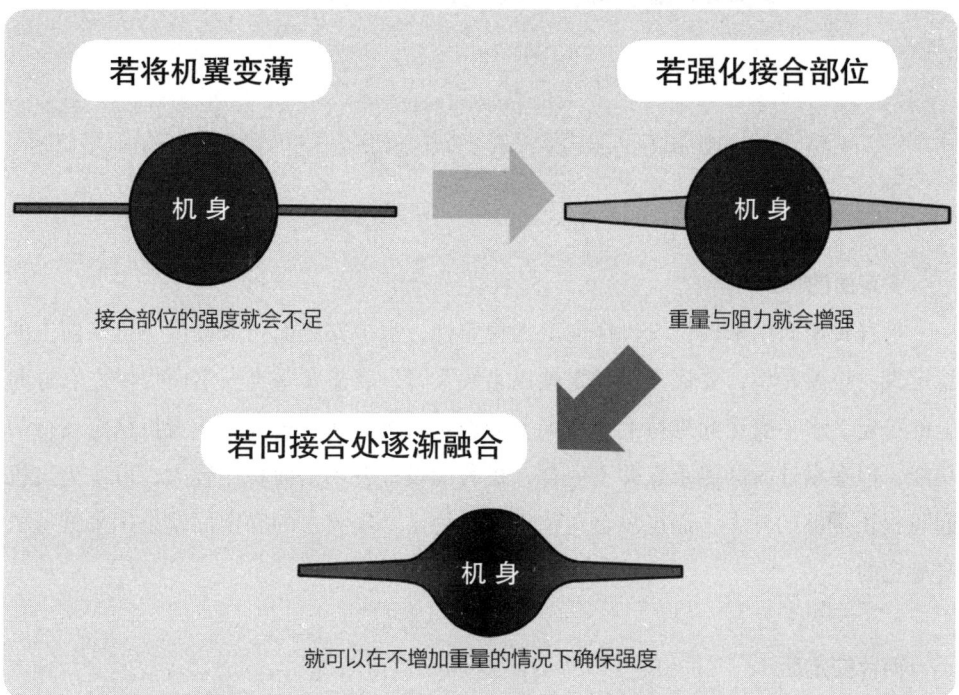

● F-16 的剖面变化

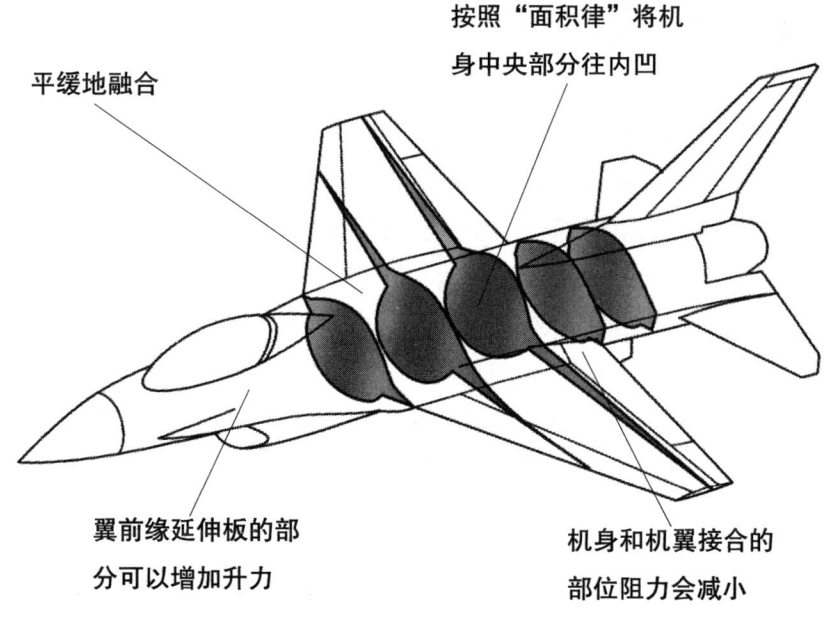

飞机尾翼

> 既然飞机的机翼已经能提供升力和具备转向的功能，那么尾翼还有什么用呢？

安定面的作用

垂直安定面用来提供飞机横向上的稳定性，水平安定面用来提供飞机纵向上的稳定性。也就是说，要让飞机稳定地以直线飞行，就需要垂直安定面提供左右方向上的稳定，水平安定面维持上下方向上的稳定。机翼和尾翼都有让飞机稳定飞行的功能，但在设计时的侧重点并不一样，机翼的设计要求是面积比较大，可以为飞机起飞提供足够的升力，而尾翼会更注重飞行稳定，尾翼上的安定面就是用来维持机身稳定的。

两片安定面

水平安定面一般都是设置成左右对称的两片，其中有些飞机的水平安定面会安装在机身中心位置的后方，还有一种则是设置为前置翼的水平安定面，即将水平安定面安装在机身重心位置前方的机首附近。对垂直安定面片数的选择则会根据飞机的需要来决定。早期的机型都是安装一片垂直安定面在机身的中心线上，20世纪70年代以后的战斗机则大多会安装两片垂直安定面。这是因为现代战斗机在性能上被要求能做出高迎角等各类机动动作，在做这种机动时，垂直安定面就会被卷入机翼和机身引起的紊乱气流中，如果只安装一片垂直安定面，就必须将该安定面做得较为高大，才不会降低舵面的效能，然而这样又会增加机身的阻力。因此，就会将战斗机的垂直安定面做成两片来提高飞机的机动性能。

目前，虽然米格-25、米格-29、苏-27、F-14、F-15、F/A-18、F-22、F-35等三代、四代战斗机几乎都是采用双垂直尾翼设计，但是双垂直尾翼与单片式的尾翼相比，阻力还是会大一些，加上它跟机翼前缘延伸板的关系，以及安装位置的要求等，可以看出双垂直尾翼设计也存在着一定的问题。

● 垂直尾翼与水平尾翼的功能

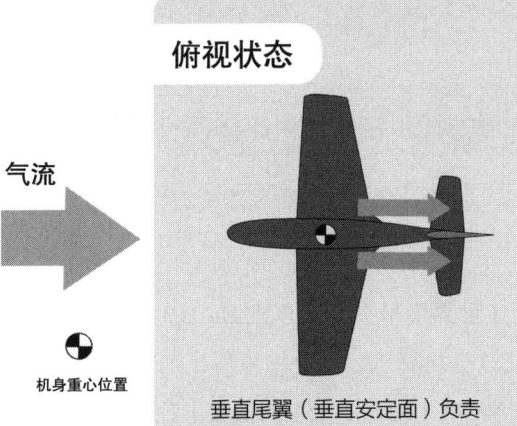

俯视状态

气流

机身重心位置

垂直尾翼（垂直安定面）负责左右方向（偏航）的稳定

俯视状态

水平尾翼（水平安定面）负责上下方向（俯仰）的稳定

● 双垂直尾翼的效果

水平飞行时

接近水平的迎角时没有什么问题

高迎角时

在起落与进行空战时，垂直尾翼就会进入由机翼与机体所产生的空气乱流中

单垂直尾翼

如果只有一片垂直尾翼来回避机翼与机体所产生的乱流，就必须将它做得很高大

双垂直尾翼

把垂直尾翼做成两片，不用做得那么大，也可以确保其机动性

三角翼机

> 三角翼是飞机机翼的一种布局方式，它能提供比普通机翼更大的升力，但也有一定的问题。

最早的三角翼机

二战时期，亚历山大·李比希博士（世界最早火箭战斗机 Me 163 的设计师，三角翼机研究权威）曾经在纳粹德国研究过三角翼机，战争结束后，他带着已完成的研究用滑翔机 DM-1 一起前往美国，与 NACA（现在 NASA 的前身）合作，研制出了世界上最早的喷气式三角翼机——康维尔 XF-92，该机于 1948 年 9 月首次飞行。之后研制出的 F-102"三角剑"与 F-106"三角镖"三角翼截击机，在东西方冷战时期的北美防空系统中发挥了核心战斗力。法国达索公司的"幻影"战斗机也是在同一时期被研制出来的。这些没有水平尾翼的三角翼机就被称为无尾翼三角翼机。

三角翼机的发展

没有水平尾翼的三角翼机在横向上的稳定性很差，着陆时的速度也比较快，为了弥补这些不足，便开始对有尾翼的三角翼进行研究，这种有尾翼的三角翼就是在三角翼后面加上小型的水平尾翼，米格-21 就是这种具有小型尾翼的三角翼机。20 世纪 80 年代，复合式三角翼机又被研制出来。SAAB"闪电"是最早的复合式三角翼机，它是在 20 世纪 60 年代由瑞典研制出来的，如今欧洲很多先进战斗机的机翼都是采用了这样的设计，目前我们可见的还有"台风"2000、"阵风"战斗机等。复合式三角翼的翼型是在机身前加上鸭翼（Canard；也称为前置翼），鸭翼所产生的空气涡流可以使机身获得较大的升力，有利于战斗机在空战中的高机动飞行。

● 三角翼机

三角翼机的优点	三角翼机的缺点
可以做成大后掠角 延缓冲击波的发生 平顺地超越声速 构造比后掠翼简单	横向的稳定性较差 降落时落地速度较快

号称20世纪60—70年代最强的截击机（F-106A"三角镖"）

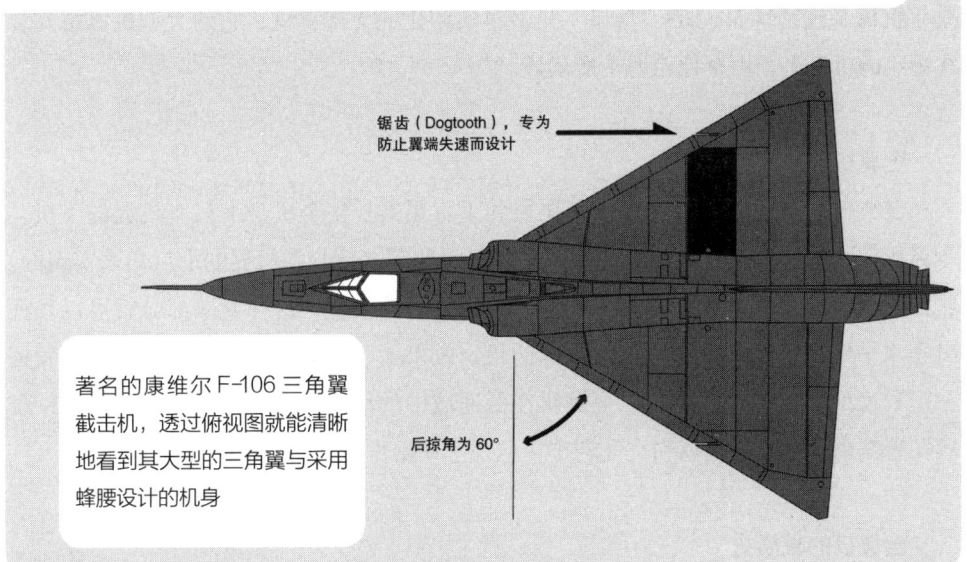

锯齿（Dogtooth），专为防止翼端失速而设计

后掠角为60°

著名的康维尔F-106三角翼截击机，透过俯视图就能清晰地看到其大型的三角翼与采用蜂腰设计的机身

● 三角翼的种类

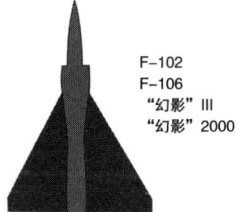

无尾翼三角翼

F-102
F-106
"幻影"Ⅲ
"幻影"2000

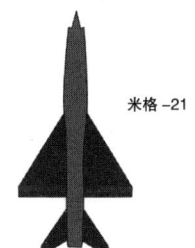

有尾翼三角翼

米格-21

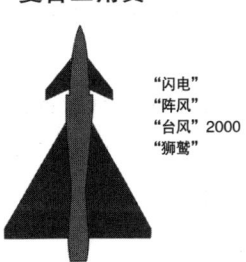

复合三角翼

"闪电"
"阵风"
"台风"2000
"狮鹫"

无尾翼机和全翼机

既然尾翼有着重要作用,那么没有尾翼的飞机又如何工作?

无尾翼机

说到无尾翼机,人们可能首先联想到的是连水平尾翼和垂直尾翼的都没有的飞机,其实无尾翼机指的是没有安装水平尾翼的三角翼机。二战时期纳粹德国的火箭战斗机梅塞施密特 Me 163 "彗星"是最早实用化的无尾翼机,它的大型机翼被安装在短小的机身上,由李比希博士所设计。

全翼机

全翼机是真正的没有安装水平尾翼和垂直尾翼,整个机身上只有机翼的飞机。全翼机在水平和上下方向的机动稳定是靠机翼的翼端部分和机翼的上反角来实现的。这种飞机有着很大的后掠角,翼端位于更为靠后的位置,这样翼端部分就可以发挥出和水平尾翼一样维持机身上下方向的稳定效果了。而机翼的上反角则是可以发挥一定程度的横向稳定性作用。全翼机在低速域中的稳定性较差,落地速度过高,虽然在翼端也设有升降副翼和空气刹车,但要手动操作还存在一定困难。

全翼机的发展史

Ho 229 喷气式战斗机是最早的全翼机,它是由德国的霍顿(Horten)兄弟在滑翔机上进行反复测试后,于1945年研制出来的。而享有"全翼机之父"美称的美国杰克·诺斯罗普(Jack Northrop)也在同年研制出了 XP-79 喷气战斗机,之后的的两年中,杰克·诺斯罗普又试制出 XB-15、X-49 等大型轰炸机,不过这些机型最后都没被美国军方使用。

全翼机没有机身和尾翼,正面的雷达波反射面积非常小,这种设计正是隐身飞机所需要的,但以二战时期的技术水平还无法完成全翼机的研制。美军现役的诺斯罗普 B-2 隐身轰炸机就是利用计算机技术解决了全翼机操控方面的问题后才研制出来的。

无尾翼机与全尾翼机的差别

无尾翼机

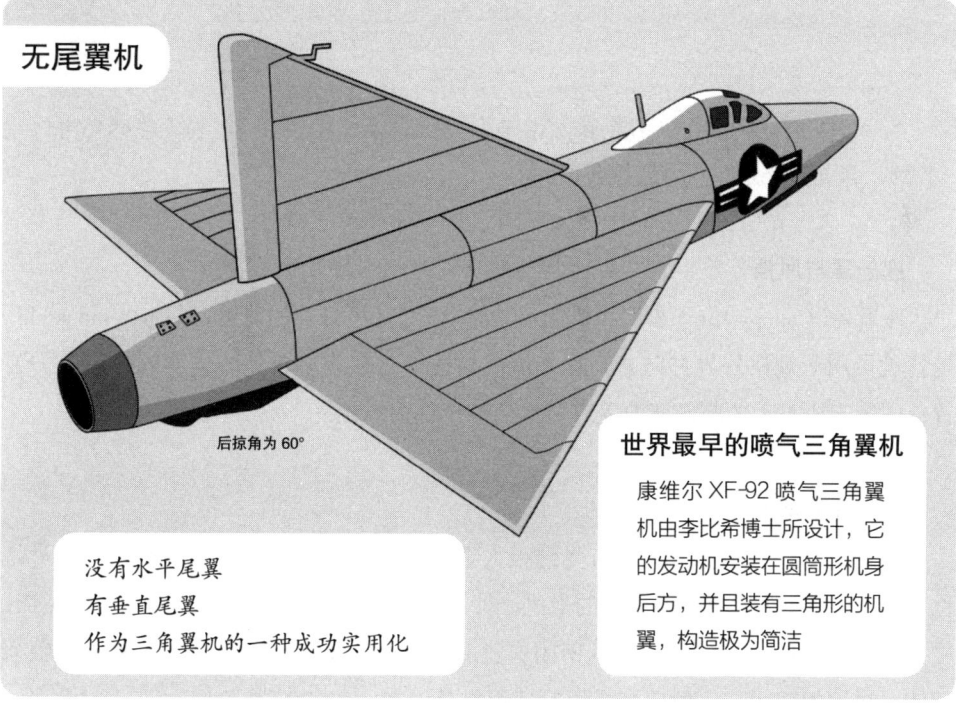

后掠角为60°

没有水平尾翼
有垂直尾翼
作为三角翼机的一种成功实用化

世界最早的喷气三角翼机

康维尔 XF-92 喷气三角翼机由李比希博士所设计，它的发动机安装在圆筒形机身后方，并且装有三角形的机翼，构造极为简洁

全翼机

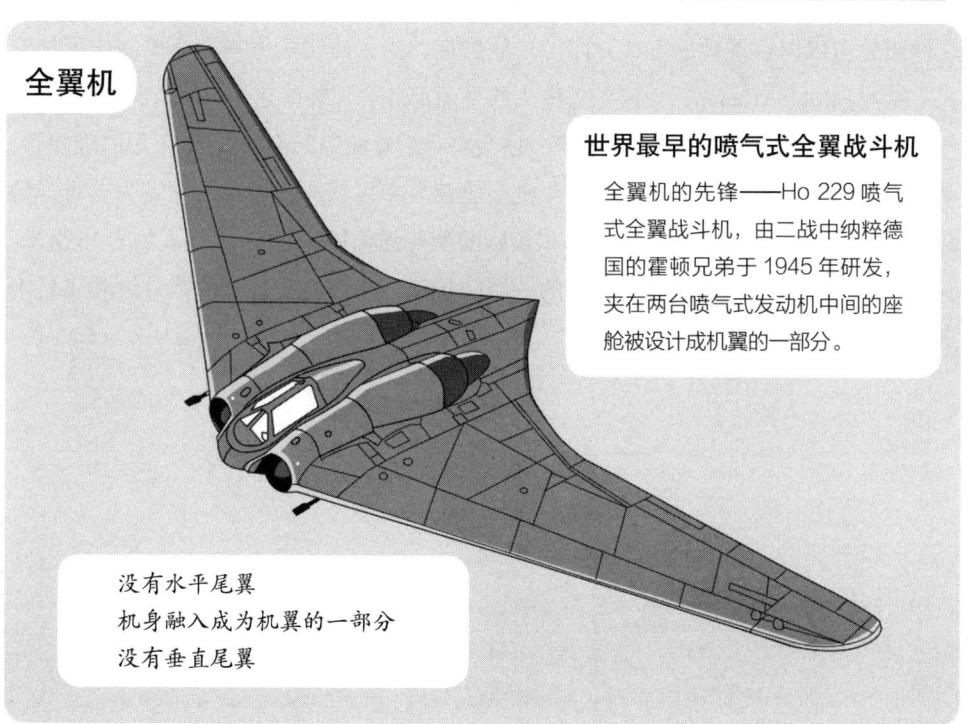

没有水平尾翼
机身融入成为机翼的一部分
没有垂直尾翼

世界最早的喷气式全翼战斗机

全翼机的先锋——Ho 229 喷气式全翼战斗机，由二战中纳粹德国的霍顿兄弟于 1945 年研发，夹在两台喷气式发动机中间的座舱被设计成机翼的一部分。

64 座舱盖

最初的战斗机是没有座舱盖的，随着战斗机速度和飞行高度的提升，座舱盖成为不可或缺的结构。

座舱罩与风挡

座舱盖（Canopy）位于小型飞机的驾驶舱上方，是可打开的舱盖。风挡（Windshield）是驾驶员用于观察外界并防止高速气流或鸟撞等直接伤害人体的透明的整流保护装置，固定于机身上的前部座舱盖有时也会被特称为风挡。

座舱盖的演变

复翼机时代，座舱盖还没有受到很大重视，仅以一小片半月形的玻璃（这个是称风挡）来挡住飞行员迎面而来的强风。到了二战时期，由于战斗机的速度越来越快，根据流体力学的原理研制出来的密闭式座舱盖开始被采用，这种座舱盖和机身融为一体，早期的密闭式座舱盖多采用后部跟机身连在一起的斜背式（Fastback）设计。这种座舱盖以向后滑动的方式开闭。二战后期，为了改善后方视界而研制出了气泡式座舱盖（Bubble Canopy）。座舱盖中央的平面部分会加装厚达5~7厘米的防弹玻璃。

现代喷气式战斗机为了扩大视野，还会将身后座舱盖的剖面做成Ω形的隆起状，而前方座舱盖也不加窗框。现代战斗机座舱盖大多以后方座舱罩的末端为支点，像蚌壳一样上下开闭。现在的座舱盖多以聚碳酸酯等强化树脂制成，厚度大约为15毫米。有的还会在座舱盖的表面镀上薄薄的一层防护膜，用以防止强烈的紫外线和飞机本身发出的有害电磁波的伤害。

● 无尾翼机与全尾翼机的差别

副翼机的开放式座舱盖

Albatros D.III　1917年
只有一小片风挡

斜背式

P-51B"野马"　1942年
后方视野非常差

气泡式

P-51D"野马"　1944年
前后左右视野良好

● 座舱盖的开启方式

车门型

P-39D"空中眼镜蛇"　1941年

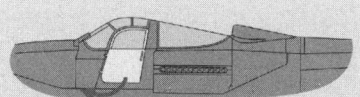

跟汽车的门一样以铰链向前开启，侧面的窗子也能上下滑动开关。同时期采用这种方式的还有英国的霍克公司制造的"暴风"战斗机，可以说这种方式是比较少见的

滑盖式

F2H-3"妖女"　1954年

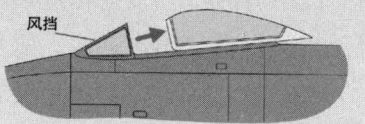

座舱盖往后方划开。从后期的螺旋桨飞机一直到1950年代的喷气式战斗机大多使用这种方式

副翼机的开放式座舱盖

F/A-18C"大黄蜂"　1987年

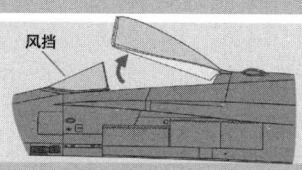

以座舱盖框架的后方来作为支点向上开启，因为看起来跟蚌壳一样，所以英文称为Clamshell式。现代喷气式战斗机几乎都采用这种方式

65 座舱

> 战斗机的座舱是战斗机的控制中心,战斗机所有的控制设施、武器发射装置都位于其中。

体能与意志的考验

一战时,战斗机座舱中只安装了简单的座椅与最精简的仪表,飞行员必须穿上防寒衣将自己包裹严紧,在风吹日晒中执行任务。到了二战,机身开始使用金属制造,座舱罩基本上能够将座舱包裹住,不过由于座舱本身没有加压设备,飞行到一定高度时,就必须依靠良好的身体素质跟酷寒与缺氧作斗争。虽然这一时期也有氧气面罩与电热装置,但是谈不上是很舒适的驾驶体验。

拥挤的座舱

对于战斗机这种小型飞机来说,内部空间本身就很狭小,只能见缝插针地安装各种仪器设备,座舱几乎没有多余的空间。早期战斗机的座椅是简单的金属结构,宽度在40~50厘米,从飞行员进入座舱盖上座舱盖起飞一直到飞机着陆后打开座舱盖,还必须将紧急逃生用的降落伞包放在坐垫下或一直由飞行员背在身上。整个飞行中不但要一直维持坐姿,而且还要在狭窄的空间中操控战斗机,执行作战任务。

进入喷气式战斗机时代以后,尽管战斗机已经能够以超过两倍声速的速度飞行,但是座舱的环境还是没有多大改观,由于喷气式战斗机的座舱内还增加了左、右操控面板之类的仪器,所以空间显得更加拥挤。不过像 F-16 这种使用后倾斜座椅的战斗机,由于其座椅的位置较高,前方会显得比较宽敞。现代战斗机的座舱尽管已经安装了空气增压装置,不过因为机动动作与飞行高度的原因,飞行员时在执行任务时还是必须带上氧气面罩。

● 二战中的战斗机座舱

副翼机的开放式座舱盖

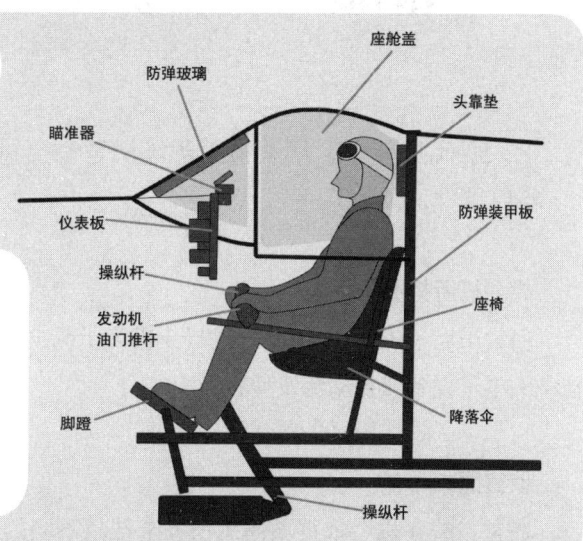

二战中的活塞式战斗机，大多采用封闭式的座舱
座舱内并没有增压
座舱盖边缘的位置大概就在肩膀下方而已，视野不是很好

● 最先进战斗机的座舱

F-35A"闪电"II

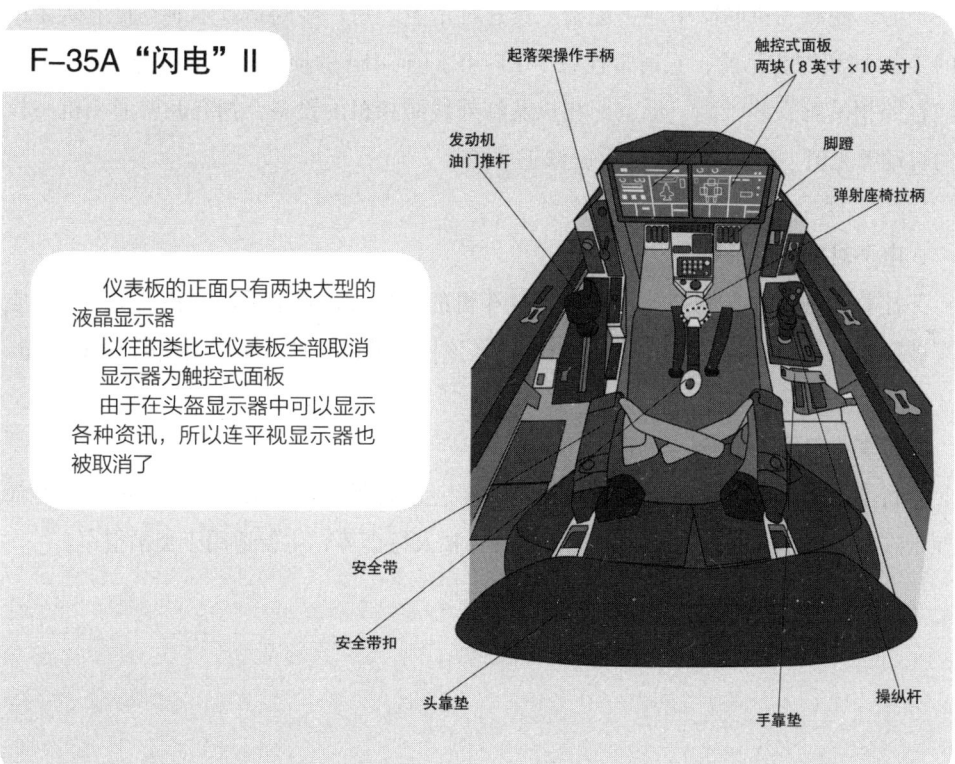

仪表板的正面只有两块大型的液晶显示器
以往的类比式仪表板全部取消
显示器为触控式面板
由于在头盔显示器中可以显示各种资讯，所以连平视显示器也被取消了

66 吊舱

> 现代战斗机、侦察机、轰炸机等都会携带不同功能的吊舱,吊舱究竟是什么装置?

战斗机所搭载的吊舱

何为吊舱(Pod)?就是现代战斗机为了减少空气阻力,在机身机翼下方或机腹挂载的电子设备或物品流线型容器。

侦察照相吊舱

通常,战斗机会依据不同的任务来挂载不同的吊舱。若把侦察器材以吊舱的方式挂载在机身外,战斗机便会具有与专用照相侦察机相似的用途,比如挂载于F-14上的TARPA大型侦察照相吊舱,它被美军昵称为"Peeping Tom"(意为"偷窥者"),一个海军舰载飞机联队中通常配备三具这种吊舱。另一种则是日本航空自卫队使用的TAC侦察照相吊舱,它通常挂载于RF-4EJ(F-4EJ的侦察型)的机身下方,TAC侦察照相吊舱安装了高、低空照相机及红外线照相机的设备,拥有和普通相机一样的自动曝光值、对焦机能及防手震修正功能。

电子对抗专用吊舱

挂载ECM(电子对抗)吊舱还是战斗机的一种有效自卫手段,特别是当美国空军被赋予各种不同的作战任务时,就会根据该任务的需要挂载不同用途的ECM吊舱。

行李(包裹)吊舱

行李(包裹)吊舱看起来像副油箱一样,它的侧面有个舱门,长3米、直径50厘米左右,可以在基地之间运送货物或放入私人行李等,主要适用于美国空军。

● 吊舱的种类

吊舱指的是战斗机为满足各种作战任务的需要,在机腹或机翼下方挂载的容器

- ECM 吊舱
- 侦照吊舱
- 行李吊舱
- 导航吊舱
- 火箭弹吊舱
- 观测吊舱
- 目标锁定吊舱

像客机或大型飞机那样将发动机以吊挂的方式安装在机翼下方的,称其为发动机吊舱

外挂燃料箱并不叫作"燃料吊舱",而应称之为"外挂副油箱"

● 以日本航空自卫队的 F-4EJ 改 RF-4EJ 为例

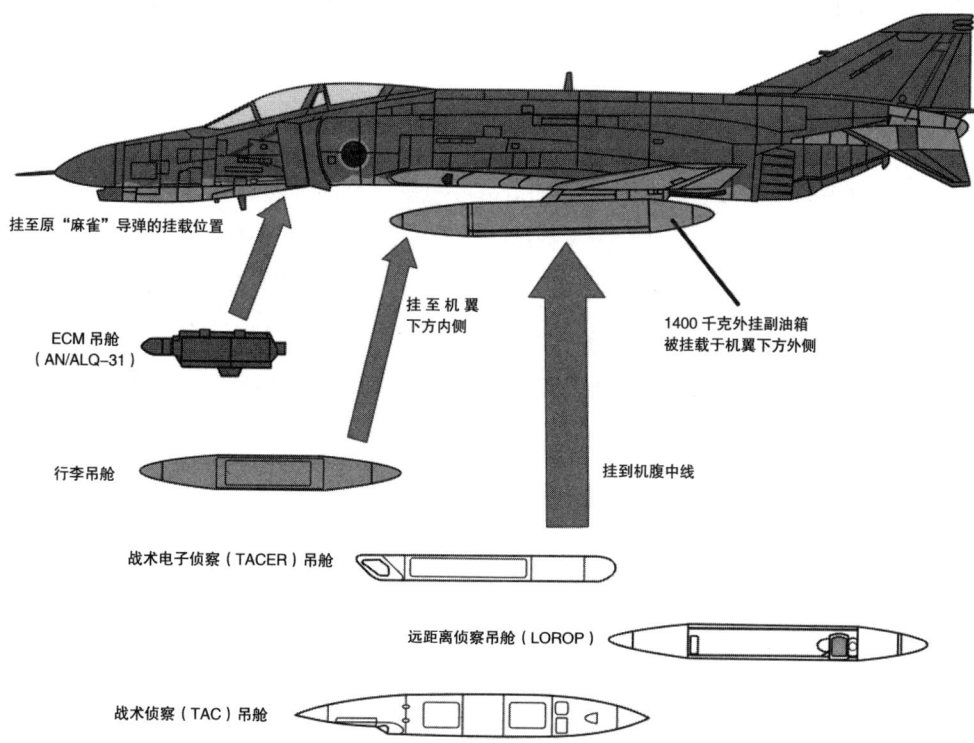

挂至原"麻雀"导弹的挂载位置

挂至机翼下方内侧

1400 千克外挂副油箱被挂载于机翼下方外侧

ECM 吊舱 (AN/ALQ-31)

行李吊舱

挂到机腹中线

战术电子侦察(TACER)吊舱

远距离侦察吊舱(LOROP)

战术侦察(TAC)吊舱

仪表板

战斗机的仪表板能够显示战斗机的各项性能指数，与汽车的仪表盘相似，但要复杂一些。

仪表板的布局

各时代或不同机种的仪表板布局并无太大差异，仪表板上的各种仪表根据用途分类并集中排列。通常，与飞行、机动相关的重要仪表（罗盘、水平仪、高度表、速度表等）都会呈T字形排列在仪表板中央部位；与发动机相关的仪表（发动机转速表、油压表等）和起落架收放手柄、武器系统开关等则被布置于仪表板的左右两边。另外，比较大的把手开关（发动机油门推杆与襟翼操作手柄等）会被布置到左侧的操作面板上，电气系统（无线电与断路器等）则常常被放在右侧的操作面板中。

为了缓解眼睛疲劳，仪表板上还有不同的颜色标示，仪表板和仪表使用的是吸收光线的黑色或深色系的涂装，刻度为白色，特别需要注意的部分通常被涂装成红色。

仪表板的发展

早期战斗机的仪表板构造比较简单，装备的仪表只有速度表、高度表、燃料表、罗盘等，仪表的精确度也较低。之后随着战斗机整体性能的增强，装备的仪表数量也越来越多，由此无形中就增加了飞行员的负担。20世纪80年代开始，随着电子技术的不断进步，仪表板上的圆形仪表开始逐渐减少，可以显示多种数据的大型CRT（阴极射线管）多功能显示器开始占据了仪表板上的显著位置。目前，战斗上的仪表板已经用LCD（液晶显示器）取代了CRT，同时也用上了很多LED（发光二极管）。

● 活塞螺旋桨飞机的仪表板

F4U-1 "海盗"

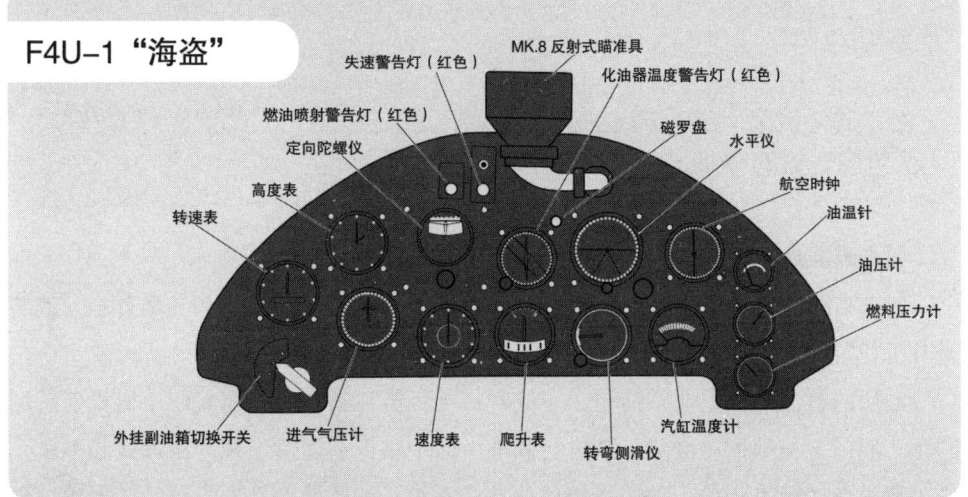

● 喷气式战斗机的仪表板

F-22A "猛禽"

在三个副多功能显示器（SMFD）里可以将：

显示跟进攻相关的信息
显示跟防御相关的信息
显示飞机实时状态

任意选择显示，当主多功能显示器（PMFD）发生故障时，还可以显示PMFD的资讯

位于组合式操作面板（ICP）左、右前上方的显示器（UFD）里面，显示的是ICAW/CNI（整合式警戒警报系统/通信、导航、敌我识别）与SFG/FQI（飞行仪表/燃料量指示仪表）的信息

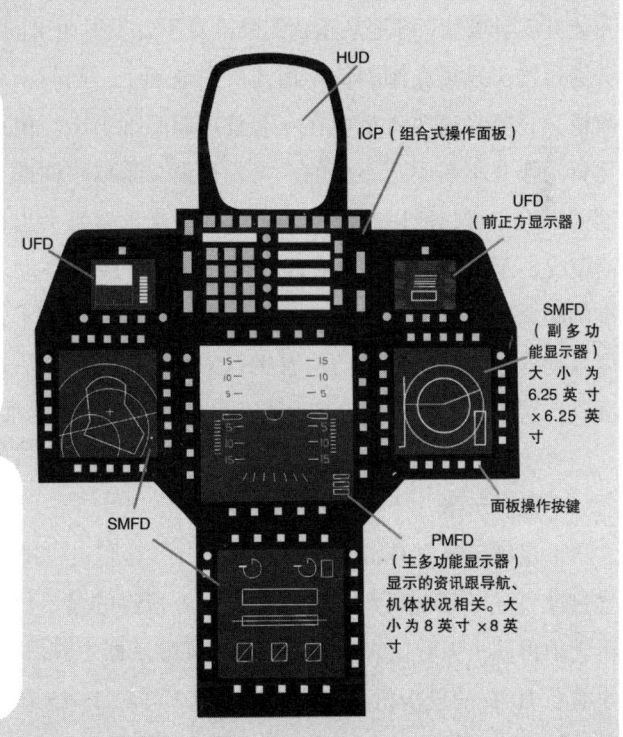

139

射击瞄准具与平视显示器

> 战斗机之间的空战发生在高速飞行的过程中，因此攻击对方有很大难度，这时候瞄准装置就派上用场了。

射击瞄准具

射击瞄准具（Gun Sight）又称枪炮瞄准具，可装备在歼击机、歼击轰炸机、武装直升机和轰炸机上，它是空战中飞行员瞄准射击目标的必备工具。

最初的射击瞄准具非常简单。一战时，飞行员在射击时仅靠着位于机枪前后的圆环（照门）与细棒（准星）来进行瞄准，命中率低。随后出现的望远式瞄准具，它采用类似于狙击步枪上的瞄准镜的构造，在细长的圆筒两端装上镜片。由于这种瞄准具需要单眼进行瞄准，所以想要在空战中实现精确瞄准是件极其困难的事。

到了二战时期，射击瞄准具有了很大的发展，光学射击瞄准具得到了广泛地普及和运用，它可以让射手在抬头观察前方的同时瞄准射击目标。光学射击瞄准具上安装有反射玻璃，灯泡从箱状的瞄准具下方投射而出的圆环和十字线（Reticle）影像，会透过镜头投影在倾斜的半透式反射玻璃上，同时，在反射玻璃中也能看到前方的敌机，只要将这两者重合在一起就可以瞄准射击。由于在空战时，敌对双方战机的飞行动作并不是固定不变的，飞行员都会采取不同的飞行规避动作，尽量避免对方准确瞄准自己，所以在瞄准目标之后射击，常常会出现子弹未到，敌机已经飞过头的情况，于是就出现了取前置量（Hold Over，对移动之目标，预估其位置而遂行瞄准的距离差值）的射击方法。飞行员凭借经验和技术，射击前先预估敌机的飞行速度及动作，朝敌机前方的位置进行瞄准射击。二战后期，还研制出了陀螺仪射击瞄准具，它的原理其实就是将前置角度的功能加进到瞄准具当中。

平视显示器

平视显示器（Head-up display，HUD）是将飞机操纵和武器瞄准信息的实时画面，通过准直光学系统投影到飞行员正前方视野的显示仪器上。通过平视显示器，飞行员无须再低头去看仪表板就可以从平视显示器中获得各种信息。美军的A-7D/E是最早装备HUD的攻击机，战斗机则是从F-14、F-15开始装备的。HUD不仅被运用于战斗机或攻击机上，也被运用到一些大型运输机和客机上。

● 二战时的瞄准具

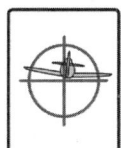

瞄准光环（十字与圆环）可与目标重叠在一起

瞄准具的原理

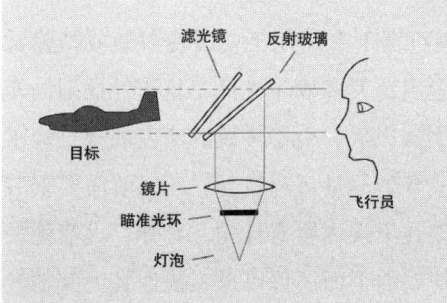

Revi C12/D 德国空军战斗机用

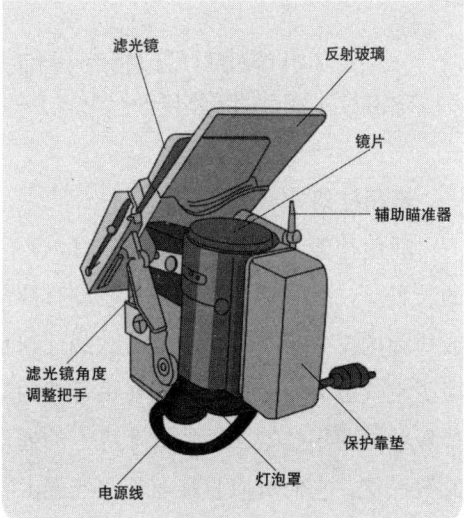

● 现代战斗机的瞄准具

F-16C 使用平视显示器

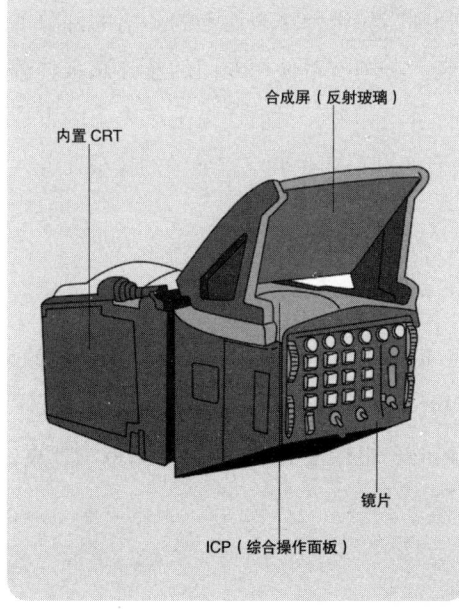

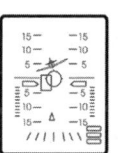

除了瞄准光环之外，还会投影出各式各样的飞行参数

HUD 的原理

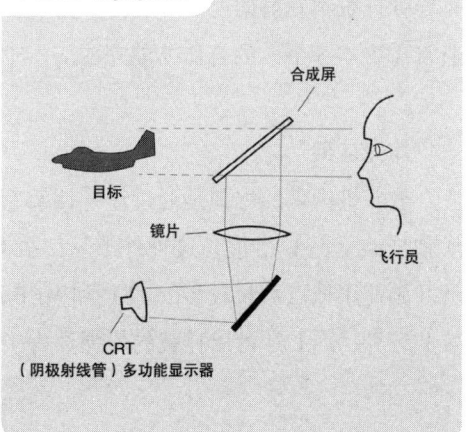

141

通用挂架 / 发射架 / 炸弹挂架

> 战斗机作战时可以携带多种不同的武器,这些武器大多是通过挂架的方式搭载在战斗机上的。

通用挂架

通用挂架(General Purpose Pylon),是飞行器上专门用于安装发射架或挂弹钩的装置。二战时期,通用挂架还没有被普及运用,大多战斗机只安装了外挂副油箱或炸弹的 V 字形支柱。当喷气式战斗机成为主流以后,由于飞机的速度加快,为了减少空气阻力,必须让挂载在机身外的炸弹或导弹尽量远离机身,此时就需要安装薄板状的通用挂架。现代战斗机上的通用挂架在下端内置有挂钩,导弹、火箭弹吊舱等武器,它们可以直接安装在挂架上,在挂架的下面还可以再系统地装上其他发射架或挂弹钩。

发射架

导弹或火箭弹要想伴随战机升空迎敌,必须先要安装到发射架(Launcher)上。现代的火箭弹会被提前填装在筒状吊舱内,吊舱内可以同时布置多枚火箭弹,这种火箭弹吊舱可以直接挂载在发射架上。而导弹则需先将弹体表面上的凸出的部分滑进发射架上的凹槽滑轨中,然后开始固定安装。美国空军使用专门的装弹车来挂载导弹,而美国海军要在狭窄的航空母舰上进行装填作业,目前还是采取人工的方式将导弹挂载到发射架上。如完成一枚重达 150 千克的 AIM-120 空空导弹的挂载任务,通常需要 4~5 个人的合作才能完成。

炸弹挂架

战斗机携带的炸弹是通过炸弹挂架(Bomb Rack)将炸弹以吊挂的形式来挂载的,炸弹挂架呈倒 U 字形,这种外形从二战至今都没有多大改变。越南战争以后,美军就开始使用挂点数量较多的 TER 和 MER,它们的一组挂架上分别有 3 个与 6 个挂点,按此计算,F-15C 可以挂载的炸弹数为 18 枚。

● 战斗机武器的挂载方法

首先在机身（下方）装上通用挂架，然后在通用挂架上安装发射架（导弹、火箭弹用）或炸弹挂架，之后再挂载上各种武器

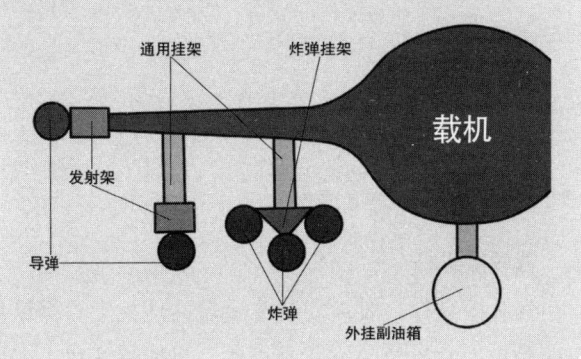

通用挂架　炸弹挂架　载机　发射架　导弹　炸弹　外挂副油箱

F-16C 挂载的武器系统

可以挂载武器或副油箱的地方称为挂载硬点，从机身左侧开始会按顺序赋予 Sta.（Station；部署）编码，挂载硬点及位置都是事先规划好的

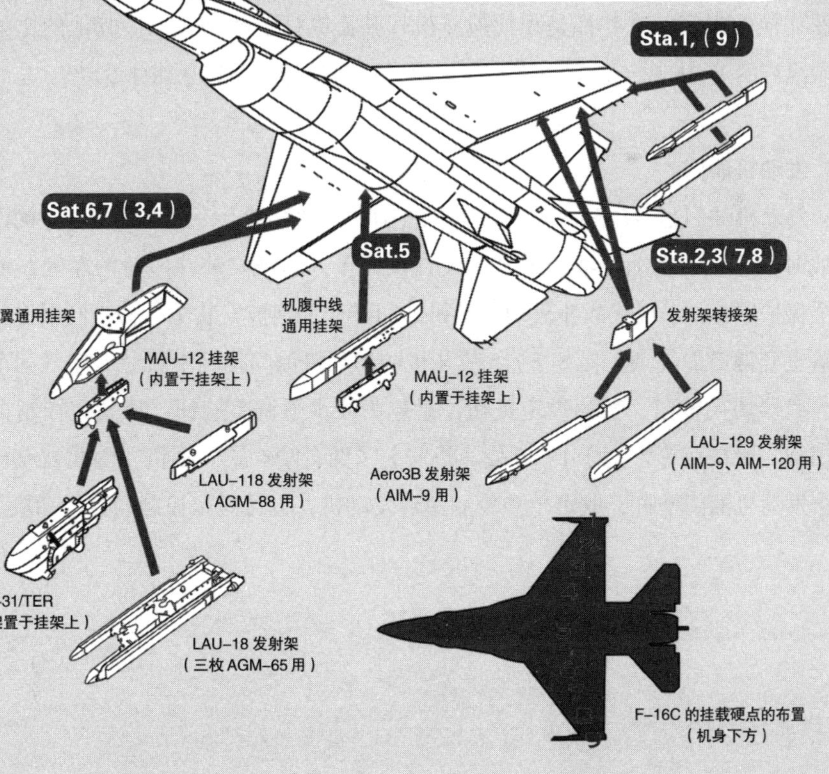

Sta.1,（9）

Sat.6,7（3,4）

Sat.5

Sta.2,3（7,8）

机翼通用挂架

MAU-12 挂架（内置于挂架上）

机腹中线通用挂架

MAU-12 挂架（内置于挂架上）

发射架转接架

LAU-118 发射架（AGM-88 用）

Aero3B 发射架（AIM-9 用）

LAU-129 发射架（AIM-9、AIM-120 用）

BRU-31/TER（炸弹挂架置于挂架上）

LAU-18 发射架（三枚 AGM-65 用）

F-16C 的挂载硬点的布置（机身下方）

驾驶操纵杆和发动机油门

> 战斗机的驾驶操纵杆和发动机油门可能是飞行员使用频率最高的两个装置,多年以来这两个装置取得了哪些进步呢?

驾驶操纵杆

驾驶操纵杆一般被安装在座舱的地板上,操纵杆把手位于飞行员的两膝之间,以向前后左右推拉的方式来操作。早期战斗机上驾驶操纵杆的功能比较简单,在操纵杆上一般只有机枪发射扳机和投弹用的按钮,随着技术的发展,操纵杆把手上的操作按钮也变得越来越多。比如喷气式战斗机上的驾驶操纵杆会安装有导弹发射按钮、搭载雷达的战斗机驾驶操纵杆会有切换雷达模式专用按钮等。为了满足现代战斗机的作战需要,操纵杆更是添加了各种实用的操作按钮,像导弹、机炮切换发射按钮、投弹按钮、雷达模式切换按钮、配平调整旋钮、HUD切换按钮、前起落架转向器切换按钮等,这些都是现代战斗机驾驶操纵杆上所必备的。其他的比如采用右置操纵杆的F-16战斗机,由于它是以手腕进行操控,所以还带手靠垫。

发动机油门

发动机油门是专门用来调整发动机推力大小的装置,一般被安装在左侧面板上。二战时战斗机的发动机油门推杆的设计很简单,它被安装在座舱的左侧,最多就是加个保护罩盖住。现代战斗机的发动机油门推杆上则被安装了各种不同用途的按钮,构造也变得更加复杂。比如F-15战斗机的发动机油门推杆上就装有空气刹车开闭按钮、武器切换按钮、雷达设定按钮、雷达天线水平调整旋钮、后燃室控制把手、敌我识别装置按钮等,由于F-15战斗机安装了两台喷气式发动机,因此被设计成左右两个发动机油门推杆,既可单独控制单台发动机,也可同步控制两台发动机。

● 操纵杆的进步

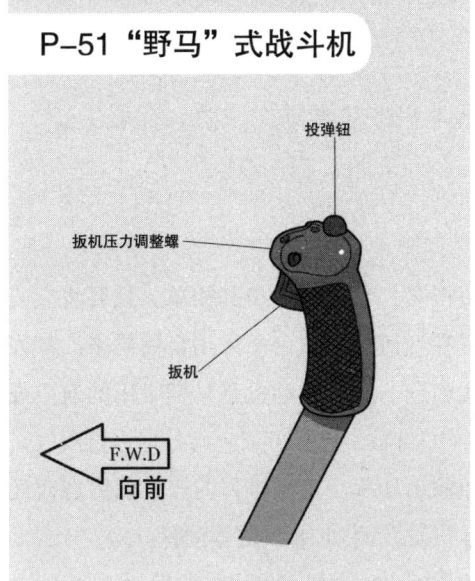

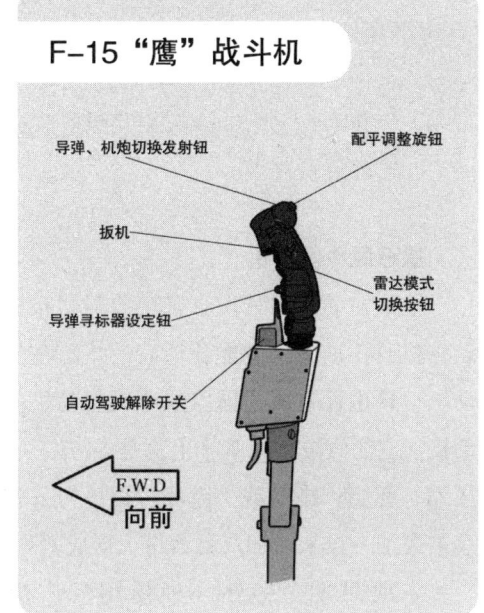

● 发动机油门的进步

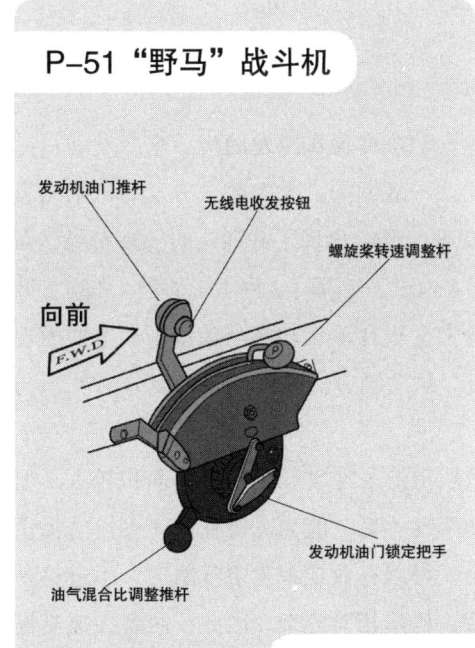

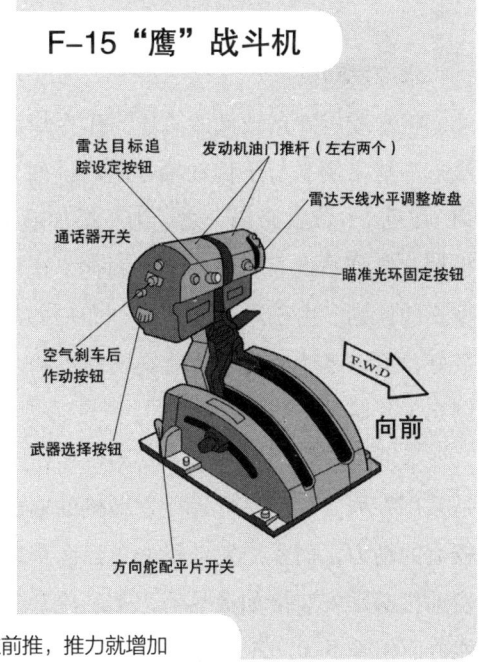

发动机油门推杆往前推，推力就增加

71 活塞式发动机的类型

活塞发动机是二战期间及之前战斗机的主要动力方式，在航空史上有着重要意义。

星形风冷发动机

星形发动机因其汽缸采用放射状布局而得名，它的构造极其简单，只要将它安装在机身正前方，就能让所有的汽缸都暴露在气流当中，由于采用自然风来冷却发动机，这也让它成为航空风冷式发动机的代名词。星型发动机是早期常用的航空发动机，它的汽缸数量基本上都是5、7、9这样的奇数，这样可以更有效地进行吸气、压缩、燃烧、排气这一循环过程，为了增加输出功率，星型排列的汽缸前后有时还会被多加一排来增加汽缸数量，形成两列14汽缸、两列18汽缸等配置。

一战时期，另外一种使用较广泛的航空发动机是旋转式发动机（Rotor Engine），发动机运行时会与螺旋桨一同旋转，虽然发动机的冷却效果不错，不过由于性能提升存在着很大的困难（转速、输出功率等），所以最后还是改成了像现在螺旋桨飞机一样的方式，只是螺旋桨转动，而发动机固定不动。

水冷发动机

将水或者沸点较低的液体当作冷却剂的发动机称为水冷发动机。水冷发动机的汽缸一般采用平行于传动轴方向的排列方式，一战期间，大多数水冷发动机采用直列（1列）6汽缸布局，之后为了增加输出功率，开始出现了并列式的气缸布局，而根据汽缸列数的布置又有水平对向、H形（4列）、W形（3列）、V形（2列）等型式的区别。由于采用V形排列布局的水冷发动机在输出功率与重量平衡上的表现最好，所以迅速成为水冷航空发动机的主流。从曲轴方向来看，还可以分为V形与倒立V形这两种布局。

星形风冷发动机与水冷发动机相比，虽然星形风冷发动机的正面面积较大，但是采用并列安装的星形风冷发动机的输出功率并不低，能为飞机在高速飞行时提供较大的动力，而水冷发动机的正面面积较小，可以有效地减少空气阻力，不过这种发动机必须安装诸如散热器之类的冷却装置，构造相对复杂。因此，两者在速度性能方面相差不远，各有所长。

● 活塞式风冷发动机

星形发动机

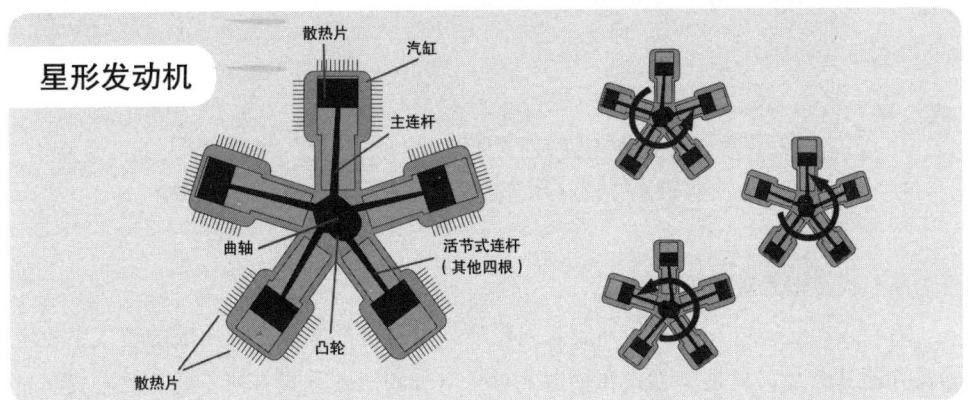

● 活塞式水冷发动机

V形发动机

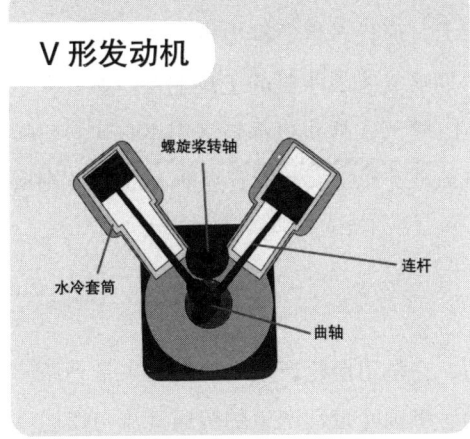

倒V形发动机

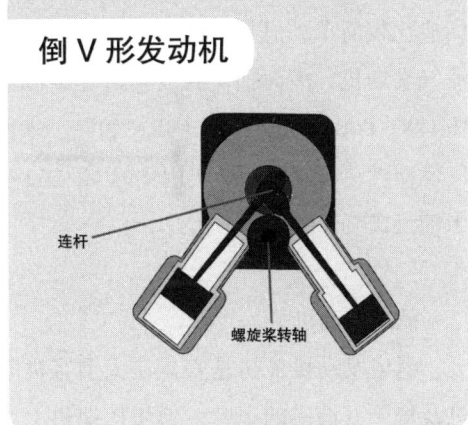

W形发动机

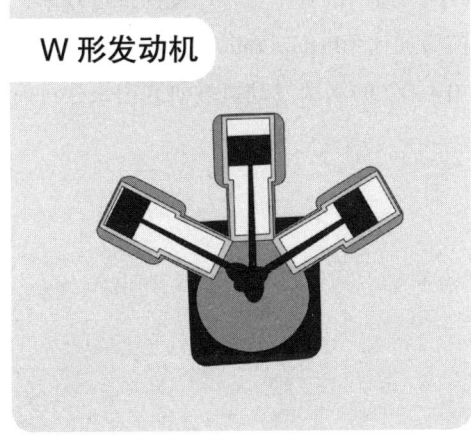

H形发动机

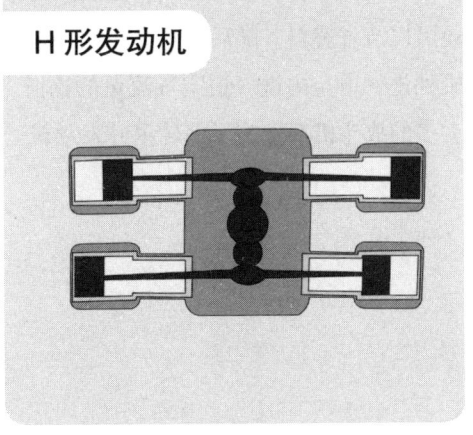

喷气式发动机

> 二战中期喷气式发动机被应用在战斗机上,之后逐渐得到广泛应用,二战结束后很快成为战斗机发动机的主流。

离心式与轴流式喷气发动机

离心式涡轮喷气发动机和轴流式涡轮喷气发动机都是要在被压缩的空气中喷入燃料并使其燃烧,只是离心式和轴流式对于空气的压缩方式有所不同。离心式涡轮喷气发动机是将吸入的空气经过压缩机的涡轮进行 90° 偏向,并以离心力来进行压缩,轴流式涡轮喷气发动机则是用安装在驱动轴四周的转子叶片和外壳内侧的定子叶片所构成的压缩机(涡轮)来把吸入的空气进行压缩。离心式涡轮喷气发动机的构造比较简单,但是它的直径比轴流式的要大,而且产生的推力也不如轴流式涡轮喷气发动机,因而轴流式发动机逐渐成为早期喷气式战斗机的主流配置。如亨克尔 He178、P-80 "流星"、F9F "豹"、米格-15 喷气式战斗机都是采用离心式涡轮喷气发动机,而世界最早实用化的 Me 262 喷气式战斗机上安装的容克斯 Jumo 004 则属于轴流式喷气发动机。

涡扇发动机

涡扇发动机最初是安装在大型客机上的,它是用涡轮产生的旋转力来带动压缩机及位于其前端的扇叶(低压压缩机),然后将扇叶带动产生的旁通气流与燃烧后喷出的气体混合,共同为飞机提供推力,这两种气流的混合不仅可以提高推进效率,还可以节省燃料。随后,适合于战斗机使用的旁通比(bypass ratio,指的是涡扇发动机外进气道与内进气道空气流量的比值)为 0.4~0.7 的涡扇发动机被研制出来,目前大多的战斗机都安装了涡轮扇叶发动机。

喷气式发动机的种类

离心式涡轮喷气发动机

吸入的空气会进入压缩机的涡轮中,依靠离心力进行压缩

由于发动机的直径比较大,限制了推力的增加

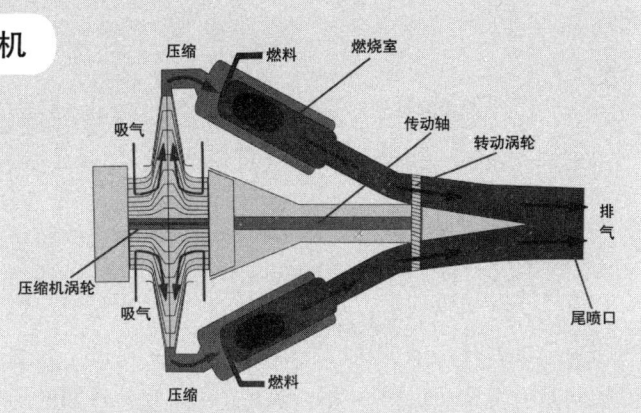

轴流式涡轮喷气发动机

以安装在传动轴四周的压缩机(涡轮)来进行压缩

发动机的直径可以设计得更小,更容易增加推力

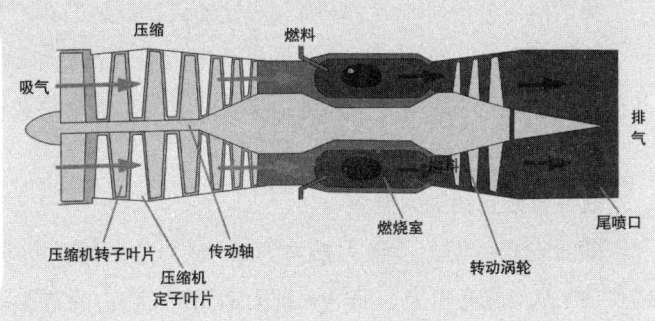

涡轮扇叶

吸入的空气分为经过低压压缩机之后直接排出的旁通气流和经过高压压缩后的燃烧排气

推进效率比较高,比较节省燃料

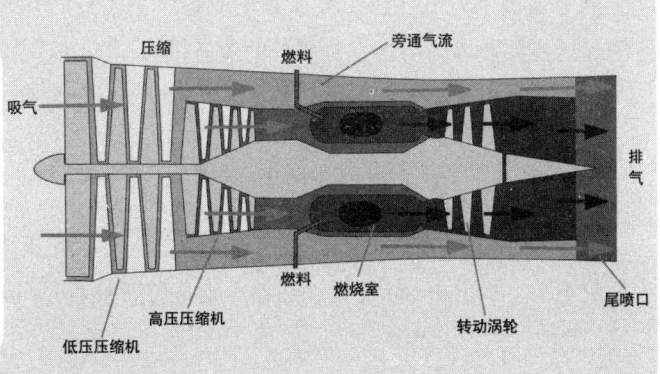

149

73 后燃室

> 现在各国的主力战斗机虽然不能长期超声速飞行，但后燃室开启后足以提供短暂的超声速飞行能力。

获得瞬间爆发力

喷气式发动机的推力是通过涡轮将空气压缩后与燃料混合燃烧而获得的，但想瞬间增加推力并达到加速的要求却存在一定难度，在空战或紧急时刻往往会因为速度的问题引发致命后果。为了解决这一问题，早期的喷气式战斗机曾经有过将火箭推进器作为辅助的加力系统的试验。

喷气式发动机排出的高温燃气中会有70%左右的氧气残留，而后燃室就是将这些高温高压燃气重新喷入燃料使其再度燃烧，达到瞬间加速的目的。

美国西屋公司研制的J34喷气式发动机是最早设有后燃室的喷气式发动机，它的推力为1.4吨力，使用后燃室时的最大推力可以达到1.86吨力。而F6U"海盗"战斗机则由于搭载J34喷气发动机的缘故，成为了最早搭载后燃室的战斗机。

战斗机必备的加力装置

随后设有后燃器、最大推力为2.6吨力的西屋公司研制的J46发动机被安装在F7U"弯刀"战斗机上，而最大推力达到7.3吨力的普惠公司制造的J57喷气式发动机则被安装在F4D"天光"、F-100"超级佩刀"战斗机上。现在，后燃器已经成为喷气式战斗机不可或缺的加力装置。

一般情况下，战斗机只会在起飞或超声速飞行时才会短时间打开加力，使用后燃室，这主要是因为后燃室对燃料的消耗过大，经济适航性差。就涡扇发动机而言，因为还有未通过燃烧室的旁通气流，所以后燃器的加速性能更为优秀，像安装在F-15与F-16前期型战斗机上的普惠公司制造的F10涡扇发动机，可以将推力提升65%以上，即从原来的8吨力增加到13.2吨力。

Afterburner（后燃室）是GE公司的登记商标，因此正式的称呼应为Augmentor（加力燃烧室），而Reheater（再加热器）则是劳斯莱斯公司对它的叫法。

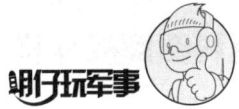

喷气式发动机的种类

后燃室的工作原理

在喷气式发动机的燃烧排气中再度喷入燃料并使其燃烧，可以瞬间增大推力

优点

可以在瞬间增加推力，提升冲刺能力

缺点

燃料消耗极大，使用时间有限

后燃室

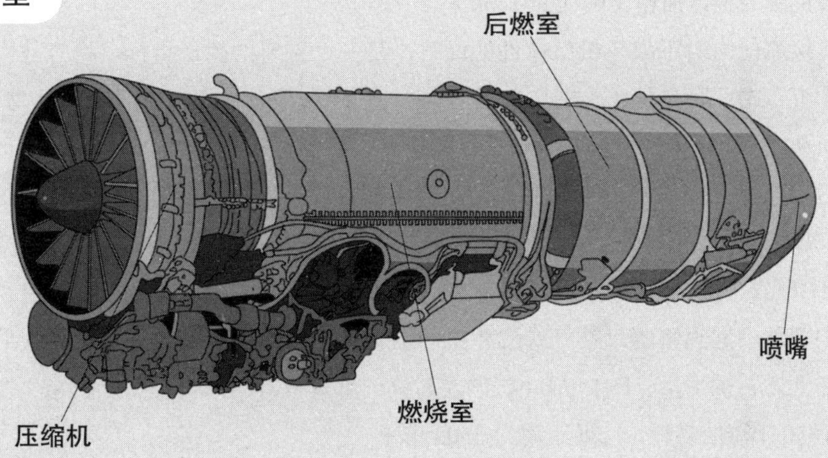
后燃室
喷嘴
燃烧室
压缩机

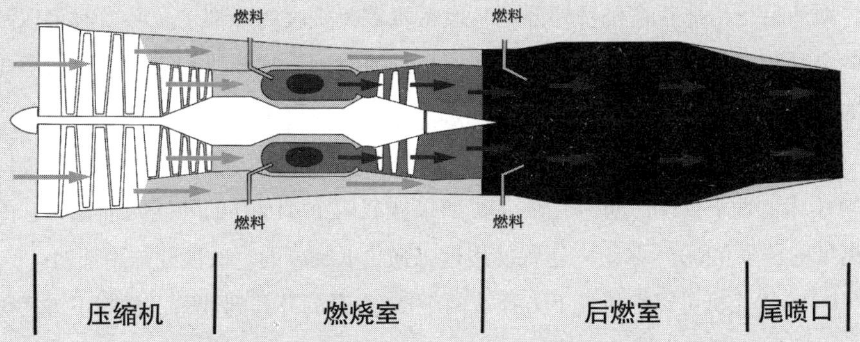
燃料
燃料
燃料
燃料
压缩机
燃烧室
后燃室
尾喷口

74 燃料箱

> 燃料箱相当于汽车的油箱，燃料箱的大小直接决定了飞机的续航能力。

机内燃料箱

在早期的活塞式战斗机上，机内燃料箱一般装有橡胶内衬，具备一定的防火、防弹能力，而现代喷气式战斗机则将机翼的内部直接作为燃料箱来使用，采用这种布置的称为整体油箱（Integral Tank）。

续航能力对于战斗机整体性能而言，是一个重要的衡量指标。将二战中著名的美军P-51D"野马"战斗机与日军"零"式21型战斗机作对比，P-51D"野马"战斗机机身内油箱可携带约1000千克的燃料，续航距离约为3500千米；而"零"式21型战斗机虽然在座舱前部和左右机翼内部都设有燃料箱，但其燃油总携带量只有525千克，续航距离为2200千米，P-51D"野马"战斗机的滞空时间明显大于"零"式21型战斗机，同时由于"零"式战斗机的机内燃料箱没有采用防弹设计，只要稍微中弹就会起火坠落。喷气式战斗机的燃料消耗量远比活塞式战斗机要大的多，为了加大燃料携带量，F-15战斗机的左右翼内部及机身内部都设有燃料箱，合计可携带1850千克的燃料，续航距离为3500千米。

外挂副油箱

副油箱是指挂载在机身外部（一般是机翼及机腹的下部），必要时可以随时抛掉的燃料箱。它的主要作用就是延长飞机续航时间。战斗机起飞后，一般会先使用副油箱内的燃料。

"零"式战斗机如果挂载了330升的外挂副油箱后，其最大续航距离可以达到3400千米。而P-51D"野马"战斗机如果挂载两个416升的外挂副油箱，它的续航距离可延长至4200千米。它还曾使用过以强化纸制成的一次性外挂副油箱。

F-15战斗机可以在机翼下方挂载两个2300升的外挂副油箱，机腹下方还可加挂一个，续航距离因此可以超过4600千米。而F-15E战斗轰炸机在机身两侧携带的保形油箱可容纳5700千克左右的燃料，最大续航距离可以延长至5750千米。

● 活塞式飞机的燃料箱

P-51D "野马" 战斗机

图中 P-51D "野马" 战斗机燃料携带总量约为 1570 升。其他还可以挂载 416 升型、490 升型的外挂副油箱

机身内部辅助燃料箱（约 300 升）

机翼内燃料箱（左右侧合计约 700 升）

外挂副油箱（283 升）

● 活塞式飞机的燃料箱

F-15C "鹰" 战斗机

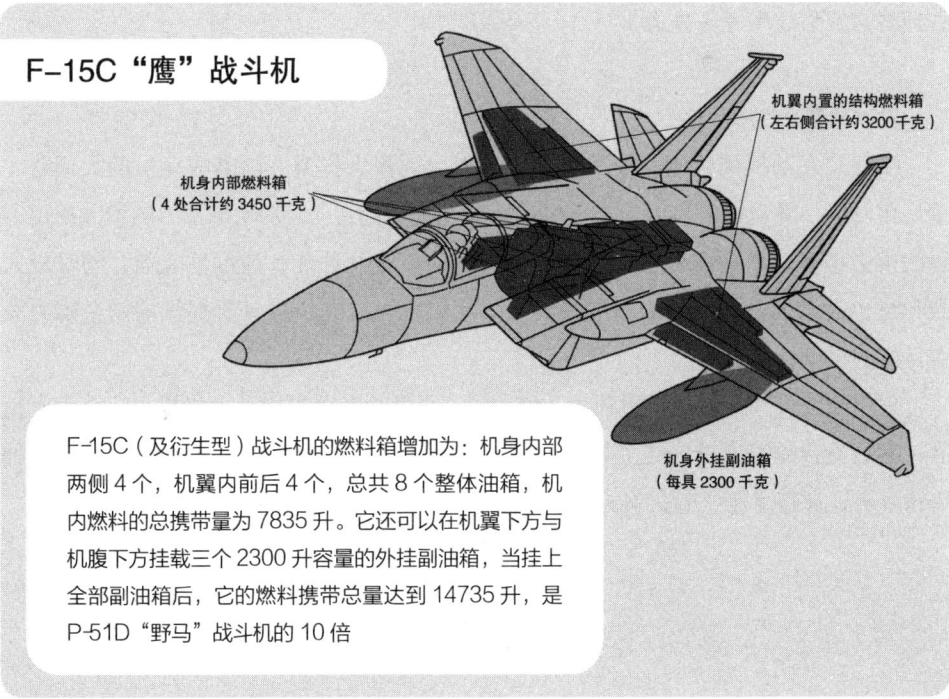

机翼内置的结构燃料箱（左右侧合计约 3200 千克）

机身内部燃料箱（4 处合计约 3450 千克）

机身外挂副油箱（每具 2300 千克）

F-15C（及衍生型）战斗机的燃料箱增加为：机身内部两侧 4 个，机翼内前后 4 个，总共 8 个整体油箱，机内燃料的总携带量为 7835 升。它还可以在机翼下方与机腹下方挂载三个 2300 升容量的外挂副油箱，当挂上全部副油箱后，它的燃料携带总量达到 14735 升，是 P-51D "野马" 战斗机的 10 倍

75 推力重量比——现代航空发动机优劣的衡量标准

> 推力重量比用来描述利用排气产生的推力和所负担的重量之间的比例，是衡量发动机性能的重要指标。

飞机升空所必须的推力

向前的推力、与之相反的阻力以及向上的升力、向下的重力相互平衡作用于飞机时，飞机就可以水平等速飞行。根据使用发动机的不同，推力的产生的方式大致分为两种。一种是螺旋桨飞机以活塞式发动机带动螺旋桨等推进器旋转来产生推力，另一种是喷气式飞机利用喷气式发动机排出的燃气所产生的反作用力来获得推力。

螺旋桨飞机多以活塞式发动机作为动力来源，飞离地面时只需具备离地升力的最小限度推力就可以了，剩余的推力则会用于飞机在速度、爬升等机动性能方面的提高。根据相关的换算公式，理论上来讲，如果飞机安装了一台功率为2000马力活塞式发动机，它的设计速度为650千米/时，那么它的推力约为650千克力。也就是说，只需10%左右的推力就可以将5~6吨的战斗机送上蓝天。当然，实际运用中还必须将螺旋桨效率考虑进去。

发动机推力增大之后

喷气式发动机的运用，使得飞机的推力得到极大提升。随着战斗机的大型化、重型化发展，发动机的推力与战斗机的重量比甚至超过1，发动机推力的增大使得富余的推力增多，从而提升了战斗机的加速性能、爬升性能、速度性能等，同时最大载弹量也会增加。即使是大型的喷气式战斗机也可以凭借发动机提供的剩余推力获得良好的机动性能。

现代喷气式战斗机的推重比为1.05~1.2，所以起飞后可以马上将机头拉至垂直角度，然后直接垂直爬升；也可以在水平飞行中将机头拉到80°以上，然后维持这种飞行姿势，保持水平飞行的高迎角动作。

● 飞机的飞行原理

水平飞行时　　当力量平衡时，就可以进行水平等速直线水平飞行

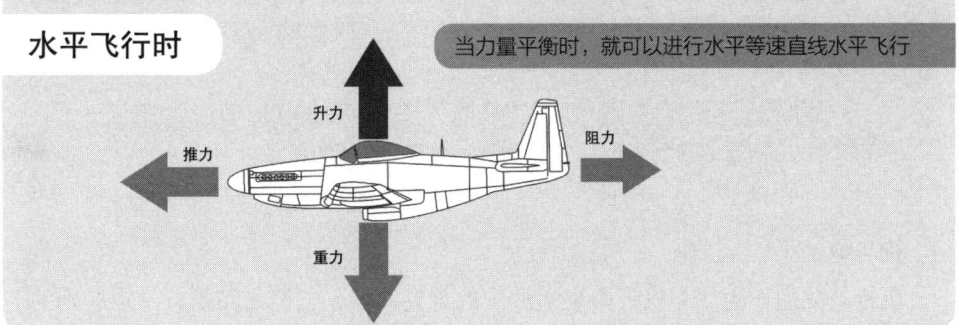

起飞时　　当推力可以产生比重力、阻力还要大的升力时，飞机就能够离地起飞

● 推力重量比（Thrust-weight ratio）

以 F-15C 战斗机为例

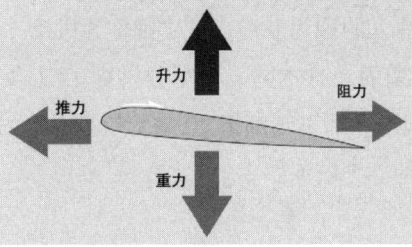

$$\frac{最大推力\ 21.5\ 吨}{标准重量\ 19.9\ 吨} = 1.08$$

　　现代喷气式战斗机的推力重量比为 1.05～1.2。理论上推力重量比只要超过 1，飞机就可以垂直状态起飞

　　实际上，在战斗飞行时，大推力重量比是保证战斗机高机动性能的重要因素

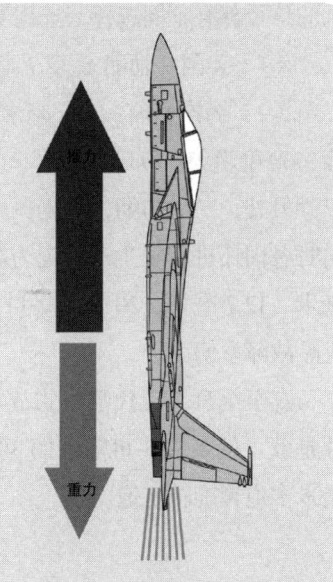

155

机枪与航炮的区别

一战中战斗机的主要武器以机枪为主,二战中航炮成为主流,但当飞机进入超声速时代后,它们都成为了辅助武器。

枪与炮

机枪与航炮作为战斗机近距离空战中的重要武器,它们之间是有一定区别的,通常按以下几种方法来划分。

(1)口径(枪、炮管内直径):20毫米以下的称为机枪,20毫米以上则称为机炮。

(2)弹丸口径:与第一种划分接近,主要依据弹丸口径的大小来区分,适用于战斗机上使用的20毫米以上弹丸的称为航炮,反之则称为机枪。

(3)国别或军种:二战期间,日本陆、海军分别把12.7毫米以上口径、40毫米口径以上的称作航炮;美国海、陆军则都把20毫米口径以上的称为机炮;纳粹德国空军则将30毫米口径以上的称为航炮。

发展过程

一战时,8毫米机枪是当时流行的标准机枪口径,而发展到二战时,各国对于机枪的口径都有不同选择,选用不同的标准。

(1)美国:勃朗宁12.7毫米机枪;

(2)纳粹德国:7.92毫米MG17机枪、13毫米MG131机枪、20毫米MG151机枪、30毫米Mk 108航炮等。

另外,二战初期,瑞士奥勒肯公司生产的20毫米航炮就被世界各国普遍使用,同时各国还进行了生产,定为制式标准。当时的日本陆海军则是仿制并授权生产7.7毫米、12.7毫米、20毫米等口径的各国机枪,由于存在技术问题,生产效率极低,成品故障率偏高。

直至今日,现代喷气式战斗机基本上安装的都是航炮,主要分为两种流派,一种是欧、俄系战斗机安装的30毫米单炮管航炮,另一种则是美系战斗机选用的20毫米多炮管旋转航炮。

机枪与航炮的区别

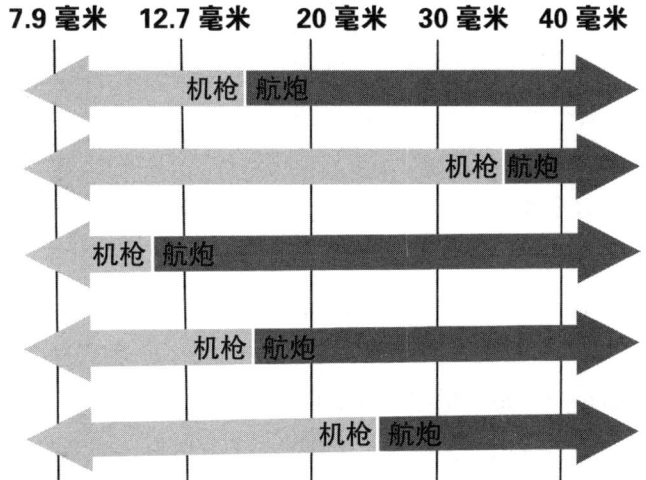

口径（枪、炮管内直径）

7.9 毫米　12.7 毫米　20 毫米　30 毫米　40 毫米

一般军用飞机：机枪 航炮

二战 日本海军：机枪 航炮

二战 日本陆军：机枪 航炮

二战 美军：机枪 航炮

二战 纳粹德军：机枪 航炮

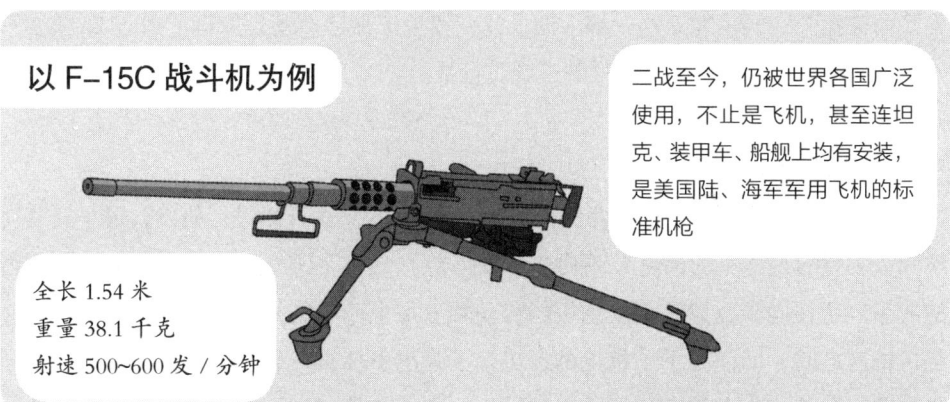

以 F-15C 战斗机为例

全长 1.54 米
重量 38.1 千克
射速 500~600 发 / 分钟

二战至今，仍被世界各国广泛使用，不止是飞机，甚至连坦克、装甲车、船舰上均有安装，是美国陆、海军军用飞机的标准机枪

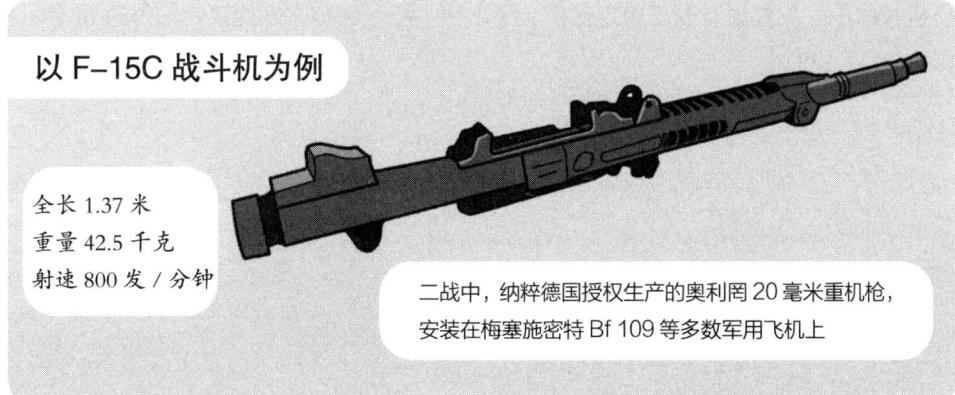

以 F-15C 战斗机为例

全长 1.37 米
重量 42.5 千克
射速 800 发 / 分钟

二战中，纳粹德国授权生产的奥利冈 20 毫米重机枪，安装在梅塞施密特 Bf 109 等多数军用飞机上

77　子弹如何无碍地穿过螺旋桨旋转叶片

一战中的空战主要以机枪来解决战斗，但是机枪安装在机首位置，会出现子弹打到螺旋桨的问题。

让子弹飞一会

飞行中，战斗机前方的螺旋桨是呈高速旋转状态的，这时机枪直接朝前方开火的话，螺旋桨就会被子弹打成碎片，怎样避免打到螺旋桨呢？最早想到解决办法的人是一战时的法国空军飞行员罗兰·加洛斯，他在自己的莫拉纳·索尼埃 L（Morane Saulnier L）战斗机的机身中心线上安装了朝螺旋桨方向射击的固定机枪，同时还在螺旋桨叶片的背面加装了金属制成的反射板，机枪发射的子弹在接触到反射板后就会朝左、右方向弹开，从而避免击中螺旋桨。虽然有 25% 的子弹不能穿过旋转的螺旋桨而被弹开，但是凭着这一惊人的设计，罗兰·加洛斯还是取得了击落 16 架德军飞机的战绩，成为了世界上最早的王牌飞行员。

螺旋桨同步装置

配合螺旋桨旋转来发射子弹的同步装置在 1913 年就开始进行研发，最早安装完整同步装置的是德军的福克 E 系列战斗机，它于 1915 年开始投入战场，并取得不俗的战果。这种同步装置是在发动机的传动轴上加上凸轮结构，当两片螺旋桨叶片转至机枪前方时，即使扣下了机枪的扳机，子弹也不会被发射出去。此后，螺旋桨同步装置逐渐就成为世界各国战斗机的标配。到了二战时期，由于将武器安装在战斗机机身的中心位置更有利于稳定操作，还出现了把航炮装在螺旋桨转轴内的 Bf 109、P-39 等战斗机。

● 弹开机枪子弹的螺旋桨

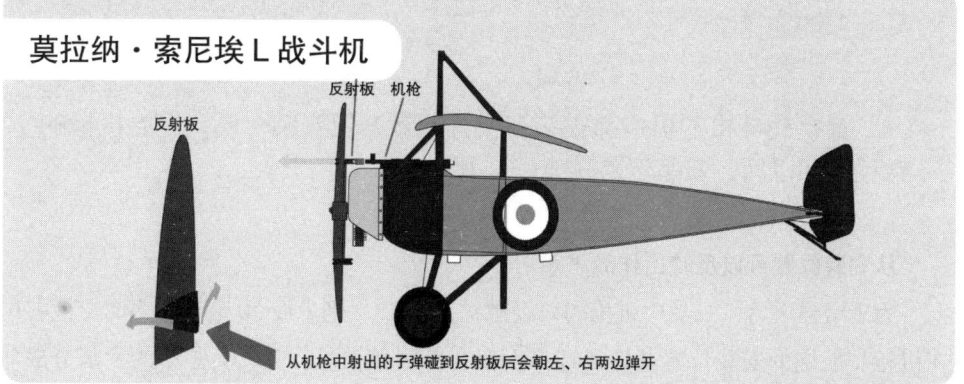

● 螺旋桨、机枪同步装置

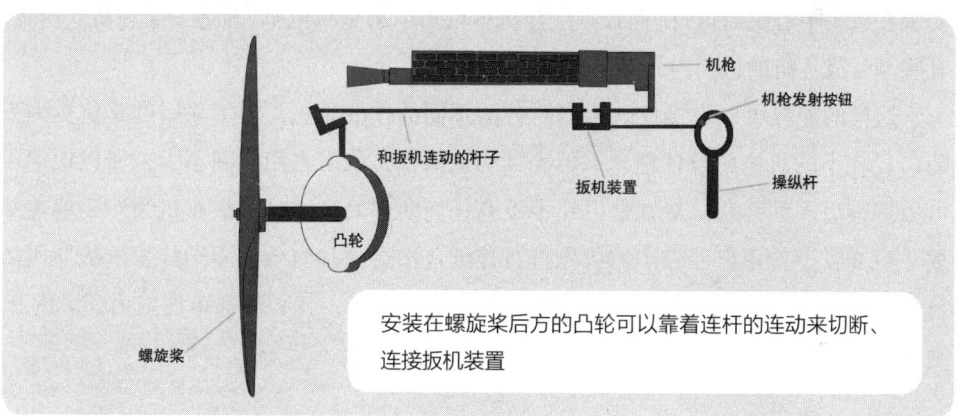

● 螺旋桨轴内的机枪

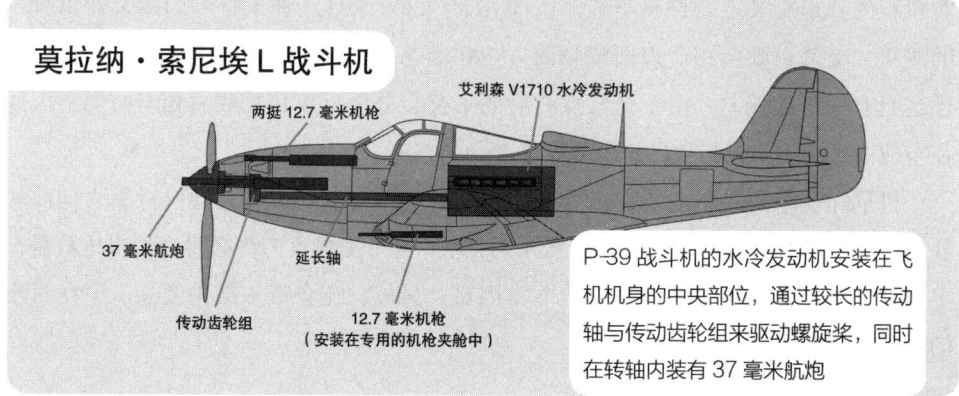

机枪和航炮的安装位置

> 最初战斗机的机枪都安装在机首位置,仅安装一挺,但当机枪的数量增加以后,安装位置就成了问题。

从安装位置可以反映出作战思想

为了增强火力,二战中机枪的口径被扩大至12.7毫米或20毫米,当时交战各国在机枪、航炮的安装位置及口径选择上存在着明显差异。美、英盟军的大部分战斗机都将6~8挺7.7毫米或12.7毫米机枪安装在机翼内;纳粹德国的战斗机除了将13毫米、20毫米机枪或30毫米航炮装在机翼内,部分型号的战斗机还会将机枪、航炮安装在机头中心线的位置;而日本战斗机多将7.7~20毫米机枪、航炮安装在机头位置,有些型号战斗机的机翼内甚至没有安装机枪。

这样的差异可以直接反映出当时各国不同的作战思想,盟军采用的是机翼内安装口径较小的机枪的设计理念,因为其构造简单,同时占用空间不大,所以机翼内可以携带更多的弹药。特别是以几乎没有任何防弹处理的日本战斗机为对手的美军战斗机而言,使用口径较小的机枪进行连续攻击会更加有效。而纳粹德国战斗机的首要任务是拦截采用坚固防弹设计的美军大型轰炸机,就必须把单发威力强大的20毫米以上航炮安装在命中精度较高的机头位置上。

安装的位置对射击威力的影响

以美军战斗机武器的布局为例,将安装在机翼内的机枪为主要进攻武器的话,左、右机枪的弹道交叉点会调整至战斗机前方大约300米处。如果是专门用来对付日军的飞机,交叉点则会相应地调整到前方200米处,实际运用中因飞行员个人的习惯还会具有一定的偏差。由于交叉点前后的子弹会分散呈扇状,威力相对减弱,因此在空战中必须对本机与敌机的距离做出准确的判断。

机枪和航炮如果是安装在机身中心线上的话,发射的子弹就会保持笔直向前的状态,由于射击的威力与敌机的距离并无关系,为了加强火力势必要增加机枪数量,不过要在狭窄的机头安装多挺机枪非常困难,另外,还会带来结构复杂、空间过小的缺点。

● 机枪、航炮的安装位置

集中于中心线

梅塞施密特 Bf 109G 战斗机

机头上面的两挺 13 毫米 MG131 机枪和螺旋桨转轴内的一挺 20 毫米机枪

分散在机翼

共和 P-47D "雷霆" 战斗机

左右机翼内的 8 挺 12.7 毫米 M2 机枪

● 安装位置所造成的威力影响

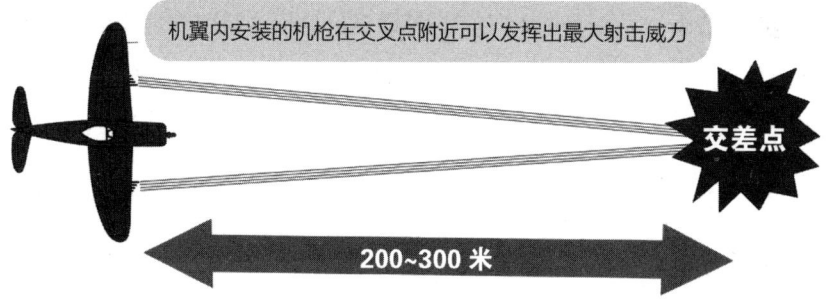

机翼内安装的机枪在交叉点附近可以发挥出最大射击威力

交差点

200~300 米

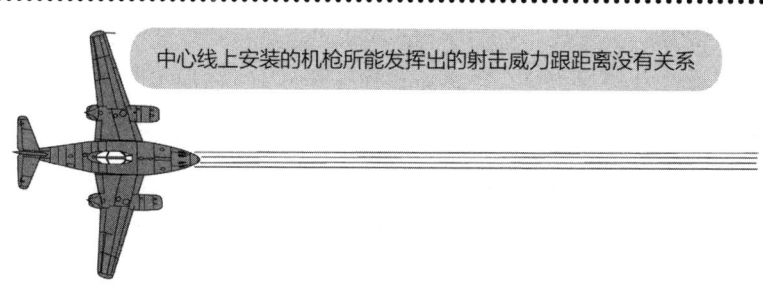

中心线上安装的机枪所能发挥出的射击威力跟距离没有关系

如何使战斗机安全地降落

为了提高战斗机的起降效率,战斗机上采用了一系列辅助降落措施,既保证安全,又确保效率。

在降落跑道前必要的制动

要让数十吨重的战斗机在数百米的距离完全静止停下来,必须依靠机身自带的制动系统,当喷气式战斗机以200千米/时以上的速度着陆时,有效地制动才能保证战斗机降落后的安全。

一般来说,喷气式战斗机降落在地面跑道以后,首先会把减速板、扰流板等装置从机身与机翼的表面立起来,以此来产生足够的空气阻力来将飞机的速度降下来。另外,有少数战斗机还安装了同大型客机、运输机上一样的可使喷气发动机排气(推力)产生逆流的装置(Thrust reversal:推力反向装置),它在着陆时会自动打开。客机在降落的时候,机翼上的扰流板会立起来,同时位于发动机后部的推力反向器也会被启动,乘坐过民航客机的朋友这时应该可以感受得到施加在身体上的压力。

对于喷气式战斗机来说,使用减速伞也是一种有效的减速手段。战斗机着陆时打开的减速伞会给战斗机施加一个向后的阻力,达到减速的目的,看起来就像是一个打横的大型降落伞。在20世纪60年代,苏联设计的战斗机广泛地使用了这种技术。由于减速伞在每次使用后必须先由地勤人员将伞衣回收,重新折成一个小包,然后再放回专用的减速伞舱内,操作比较麻烦,因此在新型的三、四代战斗机上使用得比较少。

着陆滑行时的制动

现在汽车上常见的碟刹制动系统,其实最初就是用于飞机着陆后高速滑行中的制动。早在二战时期,美军战斗机的主起落架机轮上就已经安装了碟刹制动装置,当飞机着陆后,滑行速度降到了一定程度时就会被使用。而如今已被广泛运用于汽车工业的ABS防滑刹车系统,原本也是为了保证飞机着陆时的安全而被开发出来的。

如果以上制动方式出现故障无法使用时,还有一种紧急制动装置,像美军的F-15、F-16等战斗机,在机腹部后下方安装有捕捉钩,作为最后的应急制动手段。

● 减速伞

F-4 "鬼怪" II 战斗机

空军型的 F-4 "鬼怪" II 战斗机在降落时会使用减速伞。减速伞包收纳在机身的后端，在着陆的同时会随即打开。一般情况下，减速伞都会使用便于寻找和回收的红、白材料制成，为了避免阻力过大，在伞衣上还会开有许多缝隙

● 减速伞

"台风" 战斗机

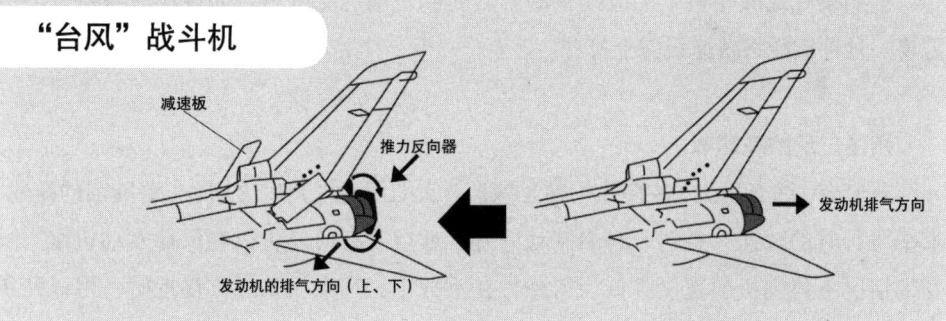

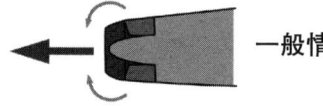

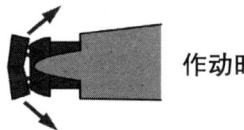

少数装有推力反向器的战斗机，位于发动机尾喷口前面的上、下折流板会向后方旋转约 90° 并立起来，这样可以改变发动机的排气方向，朝着斜上方与斜下方排气

减速板

减速板是战斗机降落时用于快速降低速度的装置。

什么是减速板

飞行状态中,如果需要将飞机速度降低,必须先将发动机油门推杆收回,减少发动机的推力,当进行紧急减速时,还要同时使用减速板。减速板平时紧贴于机身表面,使用时可以迅速打开,从而产生空气阻力。相对于喷气式战斗机而言,一般都会将它安装在机身后部两侧或上下位置,而美军的F-15"鹰"战斗机则将大型减速板安装在机身的背部。

另外,在控制滚转方向时还会用到机翼上面的扰流板,如果左右同时使用的话,也能获得相同的效果。二战时,为了避免战斗机在进行俯冲进攻时的飞行速度超过设计速度,用于减速的俯冲制动板被研制出来,减速板及扰流板就是在俯冲制动板的基础上发展而来的。

早期喷气式战斗机上的减速板的开启时间一般为2~3秒,而现代战斗机一般只需要一秒钟就能将减速板完全打开。

用途广泛的减速板

减速板,顾名思义,主要作用便是减速,它的用途极其广泛,除了着陆前的减速、水平飞行时的减速、急转弯时的制动以外,低空飞行时还可以在保持发动机推力不变的情况下将飞机的速度降低。另外,在空战中,当敌机从后方接近时,可以使用减速板来减低本机速度,这样敌机就会以原来的速度超过本机,本机就会处于有利的进攻位置,战场形势即刻扭转。

通常,喷气式战斗机着陆时一定会使用减速板来进行减速。以着陆速度相当快的F-15战斗机为例,在着陆时它的前起落架(机头)保持抬头姿势,先让主起落架着陆,待机身产生较大的阻力后,再打开减速板进行滑行,一段时间后当飞机得到充分地减速,再让前起落架着地。

● 减速板

F-86"军刀"战斗机的减速板

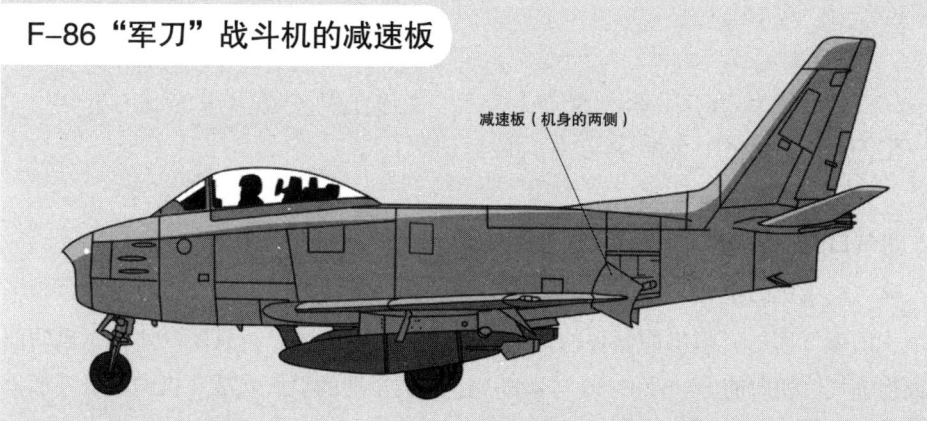

减速板（机身的两侧）

早期喷气式战斗机（如F-86）大多都会在机身后部的两侧上安装减速板，而现代大多数的诸如F-15这类的战斗机，通常将单片式的大型减速板安装在机身背部上

F-15"鹰"式战斗机着陆

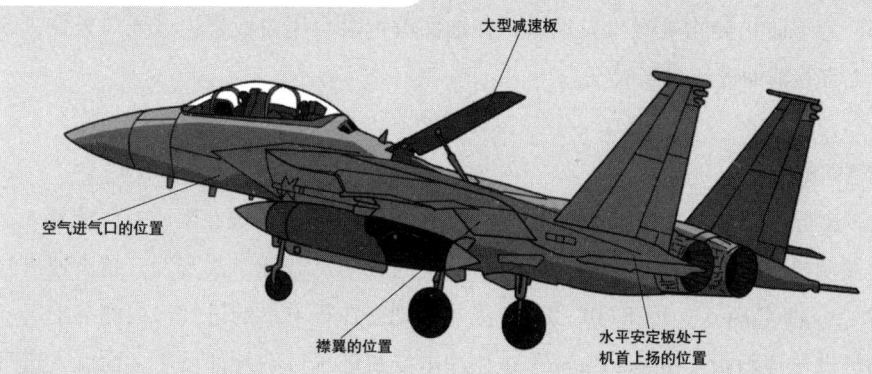

大型减速板

空气进气口的位置

襟翼的位置

水平安定板处于机首上扬的位置

F-15战斗机着陆前的进场速度约为230千米/时，在触地后的一段时间内，它会保持机首上扬的姿势进行滑行，依靠空气阻力来将速度降低。从触地瞬间到完全停下，它的滑行距离大约有1070米。在F-15战斗机的机背上安装了大型减速板和减速伞

发动机进气口

> 喷气式发动机需要大量吸入空气,如果仅仅依靠结构缝隙中的空气是远远不够的,因此需要专门设计进气口。

进气口的位置

喷气式飞机的推力是靠进气口吸入空气后导入发动机中,空气与燃料混合燃烧后产生的废气向后方喷出而获得的,根据这个原理,进气口一般被设计在飞机的前方或将进气口朝向前方。像F-86与米格-15这类早期的喷气式战斗机的机身外形呈筒状,空气就可以直接从机首的进气口导入位于机身中央位置的发动机中,对于当时推力比较小的发动机来说,这样更利于压缩空气,同时快速地燃烧燃料来获得较大的推力。不过由于进气道直接穿过机身的中央部位,对座舱及机枪、航炮的布局就有了一定的限制。

从20世纪50年代以后,雷达之类的电子设备开始被安装到战斗机上,为了获得更好的气动布局和更大的使用空间,原本在机头位置的进气口被移到了机身的两侧或机翼根部附近。还有一种将进气口安排在机身下部的设计方案,这种设计就需要在机翼上面打开一个辅助进气口,例如F-16与米格-29战斗机的进气口就位于机身下部,为了防止异物被吸入发动机,在地面滑行时会用盖板将主进气口盖住,改用机翼上方的辅助进气口来吸气。

进气口的形状

超声速行驶的飞机会在进气道内产生复杂的冲击波,冲击波会阻碍空气的导入,并损伤发动机。像F-104与米格-21战斗机上的发动机进气口就安装有超声速进气道锥体(Shock Cone),而F-14、F-15战斗机则会在长方形的进气口内侧装上可变式发动机进气道斜板(Intake Ramp),让冲击波在进气口的外部发生,而流入进气道的气流则可以保持在亚声速状态。此外,在进气口与机身之间隔有一道空隙可以使流经机身表面的空气速度加快,提高进气效率。

● 进气口与发动机的位置

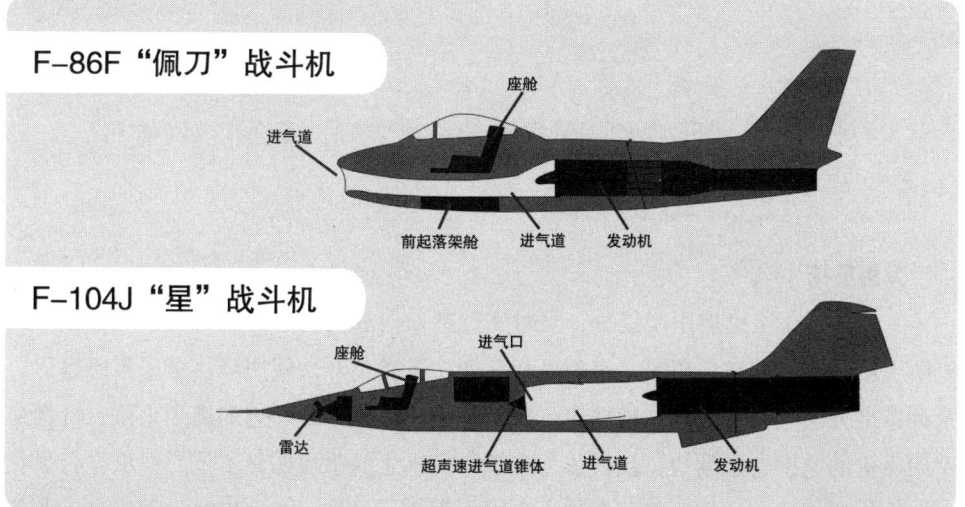

● 可变式进气口

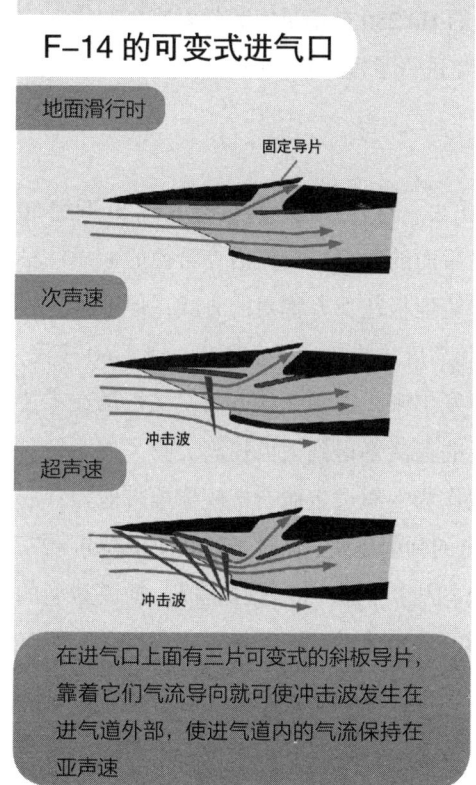

在进气口上面有三片可变式的斜板导片，靠着它们气流导向就可使冲击波发生在进气道外部，使进气道内的气流保持在亚声速

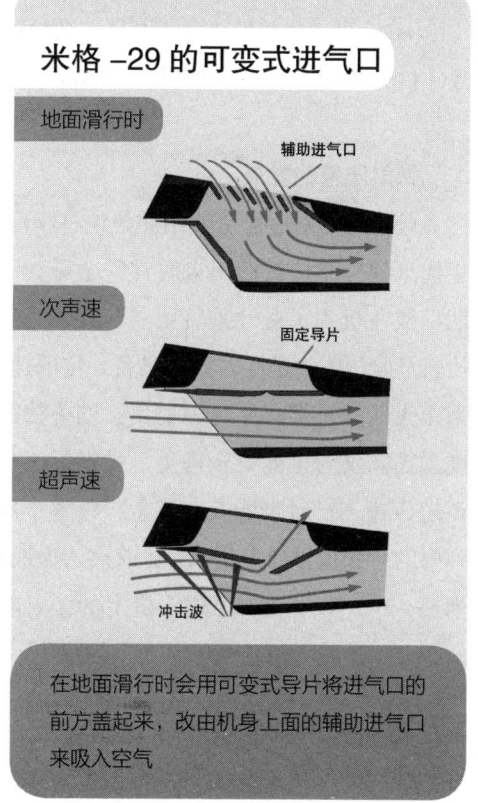

在地面滑行时会用可变式导片将进气口的前方盖起来，改由机身上面的辅助进气口来吸入空气

飞行员的紧急逃生

> 战斗机在作战中总会出现被敌方击中的情况，那么在这种情况下，怎样保证飞行员的安全呢？

弹射座椅

一战开始，飞机被用于战争，当时飞行员如何从飞机上逃生就是一大难题，飞机坠毁后几乎无人幸免于难，直到二战后期，飞行员开始使用降落伞来紧急逃生，这种逃生方法一直延续到二战结束。但是降落伞还不是最理想的逃生手段，特别是军用飞机的速度越来越快，仅仅依靠降落伞来逃生的手段明显不足。如果飞行员在已经受伤的情况下，使用降落伞逃生会更加困难。另外，在逃生时碰到机身（尤其是垂直尾翼）的案例经常发生。为了让飞行员能在各种险恶环境下安全逃生，使用弹射座椅将人同座椅同时弹射出座舱外，然后使用降落伞安全着陆的弹射座椅（Ejection Seat）方案被提了出来。纳粹德国的 He 280 是最早安装弹射座椅的喷气式战斗机，1942 年 1 月，该机在 24000 米的高空进行了世界首次弹射逃生。

弹射座椅的发展

最早的弹射座椅是使用炸药包将座椅抛出去，这种方式一直被沿用到 20 世纪 50 年代。弹射座椅被抛出去时常常会碰到飞机后面的垂直尾翼，洛克希德的 F-104 早期型战斗机为了避开垂直尾翼，就采用从座舱地板往下方弹射的方式，但这种方式比较危险，因为逃生时必须具备一定的速度和高度才能让降落伞打开。到了 60 年代，采用火箭推进器将座椅弹射出去的方法被研发出来，这种弹射方法使飞行员在零速度、零高度时也能安全逃生，弹射后飞行员的存活率得到大大提高。为了使飞行员在超声速飞行时也能安全逃生，将整个座舱作为一组逃生舱、把座椅连带舱盖一起弹射的方法也被研发出来。目前被认为最安全的弹射座椅，莫过于苏联使用在苏-27、米格-29、米格-31 等战斗机上的 Zvezda 公司生产的 K-36 弹射座椅，据说新型的 K-36DM 弹射座椅甚至可以在马赫数 3、高度 24000 米的环境下使用。

● 紧急逃生

弹射座椅的发展

- **一战后期** 使用降落伞
- **二战后期** 纳粹德国空军使用了史上最早的弹射座椅
- **1950 年代左右** 通过炸药包将座椅弹出
- **1960 年代左右** 零高度、零速度时可以使用的弹射座椅
- **目前** 速度在马赫数 3 左右时也能使用的弹射座椅

AcesII II 弹射座椅的弹射流程

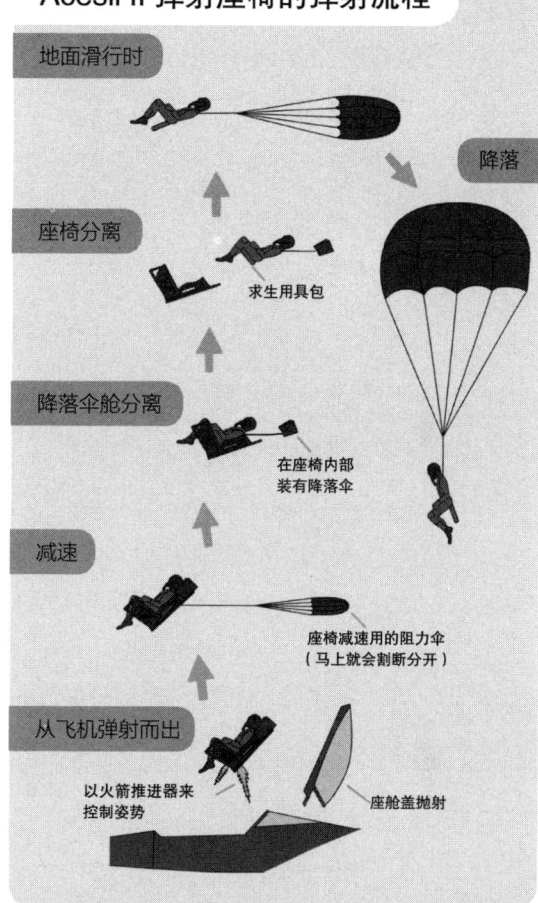

- 地面滑行时
- 座椅分离 —— 求生用具包
- 降落伞舱分离 —— 在座椅内部装有降落伞
- 减速 —— 座椅减速用的阻力伞（马上就会割断分开）
- 从飞机弹射而出 —— 以火箭推进器来控制姿势 / 座舱盖抛射
- 降落

● 座舱整个弹出

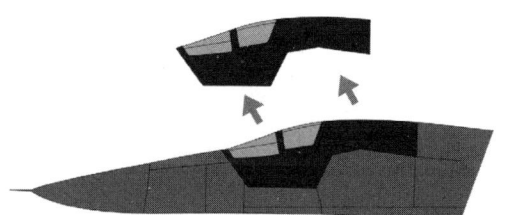

美国空军的 F-111 战斗机（1968—1996 年）在紧急逃生时可以将整个横列双座的座舱脱离，然后依靠降落伞来着陆。虽然这种方式可以在高空、高速时逃生，也能保障飞行员落水时的安全，但是由于这种弹射座椅的保养、检修成本较高，除了 F-111 战斗机之外，美军其他机型都没有采用